メタファーとしての
発酵

著｜Sandor Ellix Katz
監訳｜ドミニク・チェン　訳｜水原 文

O'REILLY®
オライリー・ジャパン
Make:

FERMENTATION
as
METAPHOR

無限の泡立ちとなって顕現する、
沸き立つ興奮にこの本を捧げる

目次

表面の複雑さと見えないものの美しさ

はっきりとした、厳密なカテゴリーに当てはめて物事を考えることには、抗しがたい魅力がある。善と悪、暑さと寒さ、清浄と不浄。やさしさと残酷さがあり、天国と地獄がある。政治報道では赤い［共和党支持の］州と青い［民主党支持の］州などと言うが、たとえどちらかへの支持が圧倒的にせよ、どこにでもさまざまな意見の人はいるものだ。ジェンダーは男性か女性のどちらかとされることがほとんどだが、それに反して大部分の人は男性的な面と女性的な面の両方を持ち合わせているのが現実であり、またどちらにも居心地の悪さを感じる人はどこにでもいる。実際には、たいていの物事は白でも黒でもない。その中間のさまざまな濃淡の灰色として、あるいは色のスペクトラム全体にわたって、存在するのだ。

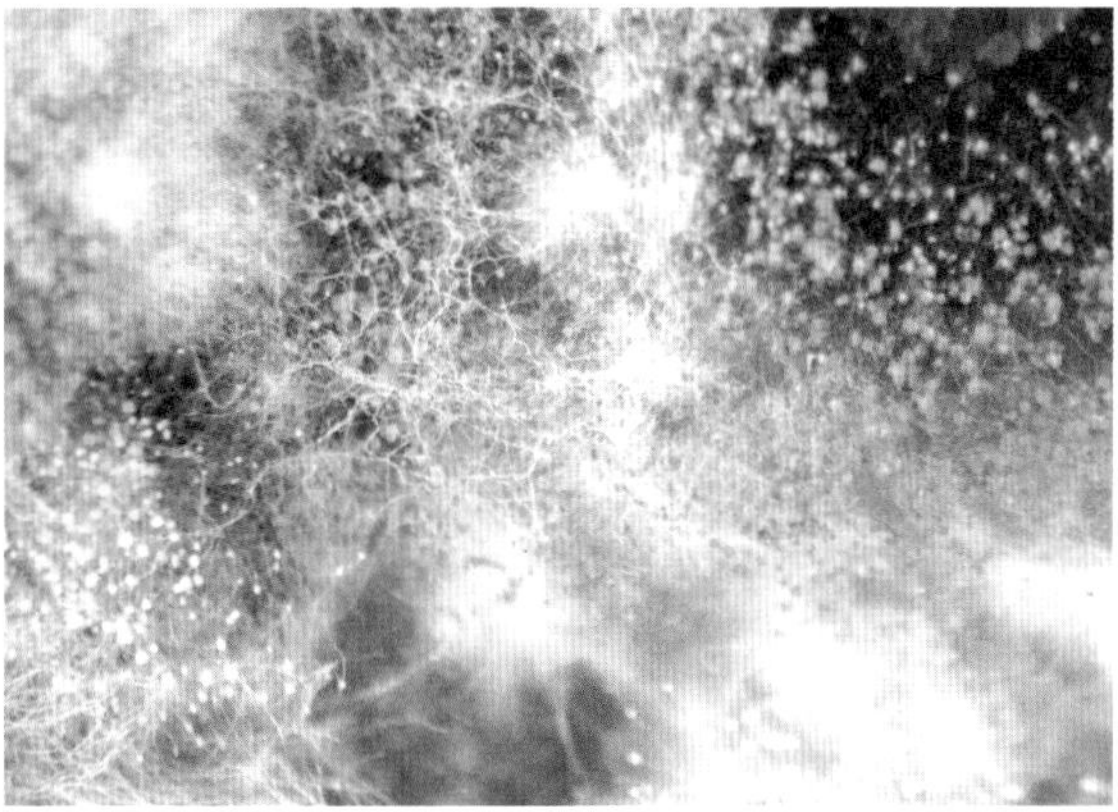

カビの生えたコーンブレッド、実体顕微鏡で撮影。

カテゴリーが絶対的なものではあり得ないとすれば、境目も、境界も、膜も絶対的なものではなくなる。例えば私たちの皮膚は、私たちの内部を私たちの外部と隔てる境目だ。しかし太陽の光は皮膚に吸収され、皮膚からは汗が、時には血液や膿が排出される。蚊や、その他多くの生き物に刺されることもある。感染症や毒素、あるいはその他の条件によって、ただれたりもする。高温や低温、あるいは化学物質のために、やけどすることもある。そして皮膚のどんな部分にもバクテリアや菌類、ウイルスなどの微生物が住み着いており、私たちの体の部位それぞれに異なる環境条件に応じて、複雑で密度の高い群集を構成している。私たちは皮膚を自分自身とそれ以外の世界とを隔てるものだと思っているが、そこには地球上に存在する人間の数よりもはるかに多くの微生物が住み着いており、相互に、あるいは私たちとの間で共生関係を結びながら、複雑なバイオフィルムを紡ぎ出し、代謝副産物や遺伝子を交換し、私たちの周囲の世界との相互作用を仲介している。皮膚以外にも、私たちはひとりひとりが微生物的力場とでも呼ぶべきものを持っていて、特有の微生物的署名を体熱とともに発散しているらしい。［原注1］

私たちの皮膚は、あらゆる生命体や細胞の膜組織と同様に（実際には、あらゆる境界や膜や境目と同様に）、複雑なものだ。遠目には、あるいは観念的には、これらの境目は厳然とした、明確な分界線に見えるかもしれない。しかし近寄ってみると、入り組んでいて、小規模構造に富み、生物多様性が豊かで選択的な透過性があることがわかってくる。

これまでずっと私たちは、この複雑さと多様さとともに長い進化の歴史を歩んできた。しかしその全貌は、昔から現在に至るまで謎のままだ。最新の科学的知識を得てもなお、多くの現代人は微生物全般をことさらに敵視し続けている。私がこの本を書き終えようとしている現在、COVID―19［新型コロナウイルス］パンデミックに際して、化学殺菌剤の需要がかってないほど高まっているのは、人々が感染拡大を抑えるため躍起になって新型コロナウイルスとの接触を避けようとしているためだ。それは非常に重要なことだし、私もたいていの人と同じく、なるべく人と会わず、距離を取り、頻繁に手洗いをし、接触のリスクを減らそうと気を配っている。しかし現実には、伝染を遅らせることしかできないのだ。結局のところ、ほとんどの人はウイルスとの接

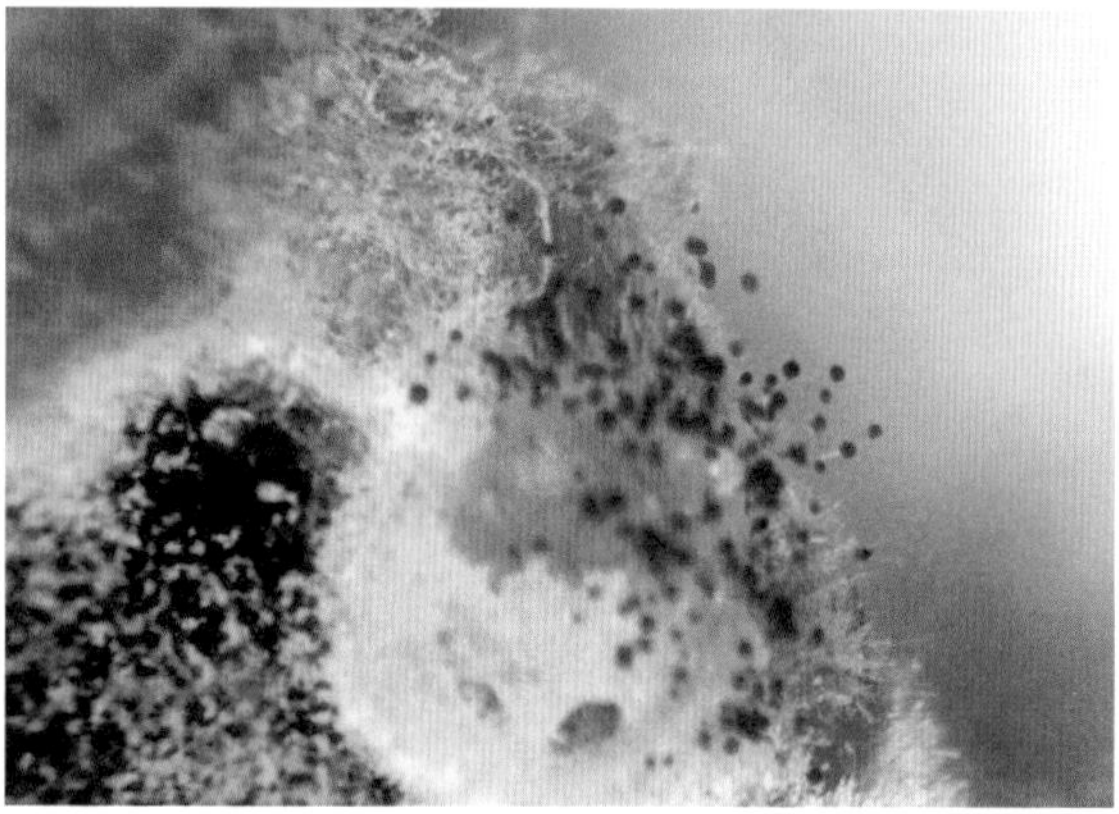

カビの生えた雑穀、実体顕微鏡で撮影。

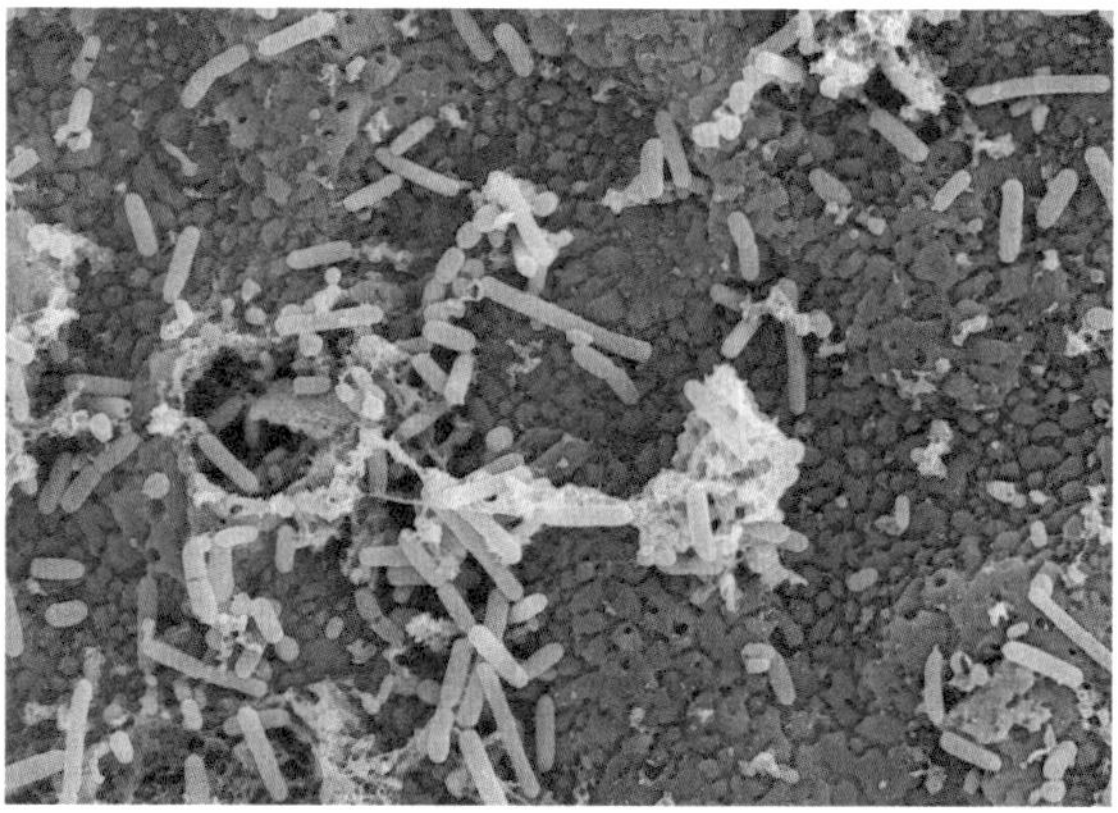

みそ、走査型電子顕微鏡で撮影。

触が避けられないのだから。

私たちの存在は、微生物を基盤として成り立っている。いたるところに存在する莫大な個体数の微生物、バクテリアだけでなく、菌類やウイルスなどすべての微生物の決定的な重要性を、私たちは絶えず学んでいる。あらゆる生き物は、それ自体良いものでも悪いものでもない。私たちと共進化してきた膨大な複雑さすべてを基盤として私たちは存在しているのであり、そこでは生き物たちがさまざまなスケールで互いに絡み合い、影響を与え合い、相互的に共存し、捕食しあっていることを、私たちは知り始めたばかりなのだ。

どのように認識されようとも（あるいはされなくとも）、相互の共存は文化的進化の原動力となっている。先史時代から人類は発酵食品や発酵飲料だけでなく、農法に、ファイバーアートに、畜産に、その他多くの形でバクテリアや菌類など目に見えない生命の力を利用することを学んできた。この目に見えない発酵の力は、世界各地の人類文化で神や女神、神話的存在に仮託されていることからもわかるように、神秘的なものとして認識されてきた。そのような物語や儀式は、さまざまな伝承に見つけることができる。アメリカ先住民の治療師たちが微生物の役割を認識していたことが、欧米での微生物の研究に結びついたのではないか、という研究もある。［原注2］

しかし、私たちの皮膚や体内、そして周囲のいたるところに存在する生態系の複雑さを私たちが認識し、理解できるようになったのは、ますます高度化するツールのおかげだ。アントニ・ファン・レーウェンフックが17世紀に微小動物を記述したのを皮切りに、ルイ・パストゥールによる微生物の同定と分離という19世紀のイノベーションを経て、現代ではDNAシーケンシングやさまざまな顕微鏡技術が利用できるようになり、生命の素晴らしい多様性をより鮮明に観察し、より明確に把握できるようになってきた。

＊＊＊

私はあらゆる発酵産物に幅広く愛着を抱くうちに、発酵食品や発酵飲料の写真を撮ることにも熱中するようになった。その見事な、神々しいまでの美しさを記録に残し、他の人にも見てもらうためだ。時にはクローズアップ撮影で、非常に活発な泡立ちや、興味深い表面のテクスチャーを写真に収める。時には実体顕微鏡（解剖顕微鏡とも呼ばれる）を利用する。通常の顕微鏡ほど性能は高くないが、手軽に使えるという大きな利点があるからだ。スライドを用意しなくても食品のサンプルをかざすだけで観察でき、さまざまな深さにピントを合わせれば、さまざまなものが見えてくる。麹やテンペなどの菌糸を作り出す菌類、あるいはその辺に放置してカビの生えた食品などから、ゴージャスで印象的な画像を実体顕微鏡が引き出してくれることもある。残念なことに、実体顕微鏡の倍率や解像度は比較的制限されているため、バクテリアを見ることはできない。私の自宅の顕微鏡で、さまざまな発酵物から作成したスライドの写真を撮ってみると、バクテリアははっきり見えるが分解能はかなり低い。非常に幸運なことに、ミドルテネシー州立大学の発酵科学プログラムと学際ミクロ分析イメージングセンターとの有益なコラボレーションのおかげで、私ははるかに高い倍率と驚くべき分解能を備えた走査型電子顕微鏡を利用できている。電子顕微鏡は光を利用しないため、画像は本来すべてモノクロだが、この本に収録した画像には勝手ながら着色を行った。

これらの画像は、何かを具体的に説明するものではなく、微生物の織り成す構造や

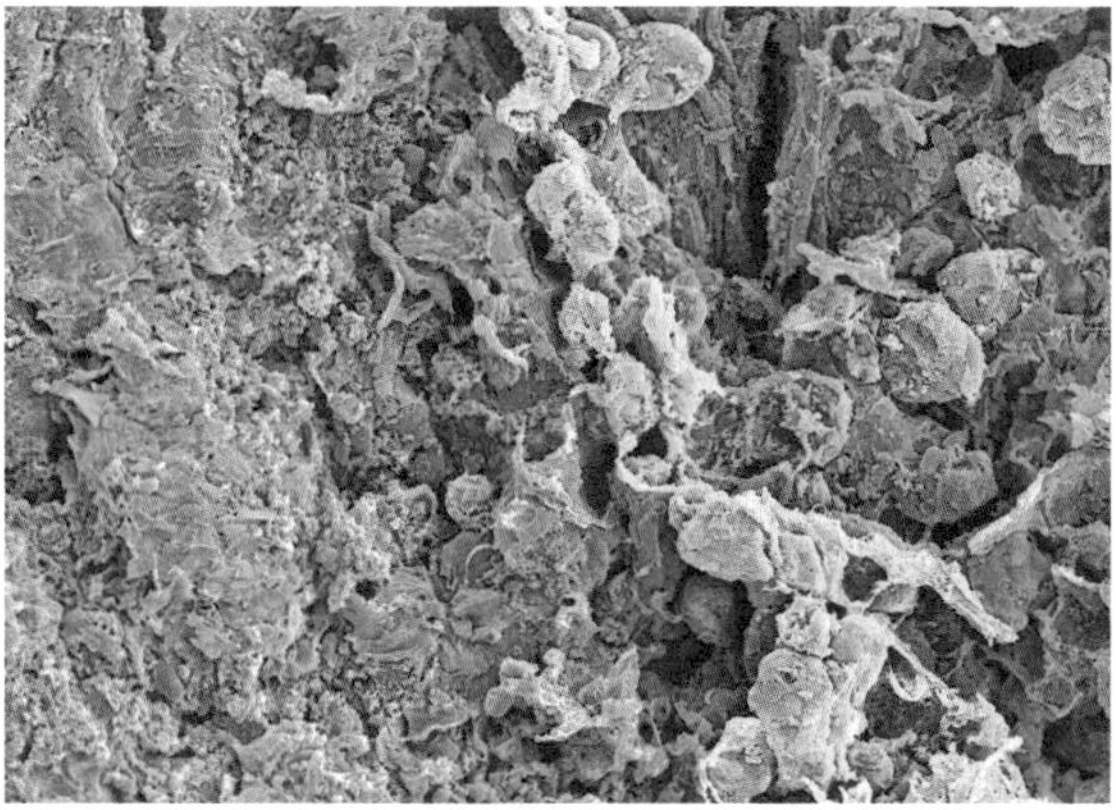

豆板醤（四川料理で使われる、ソラマメと唐辛子の発酵食品）、
走査型電子顕微鏡で撮影。

コミュニティーの純然たる美しさと複雑さを示そうとするものだ。それを見ているうちに、私たちは絶対的な境界や厳密なカテゴリーから引き離されて行く。私たちは概念のとらえ直しを迫られる。いうなれば、私たちは発酵されているのだ。

メタファーとしての発酵

私は自分の手で発酵食品を仕込むことに深いこだわりを持っている。現時点で私の家で育てているのは、昔ながらのサワー種スターター2種類（小麦とライ麦）とヨーグルト、そしてジュン（コンブチャの一種）。半年分のザワークラウトやキムチの入った大きな容器から私は定期的に中身を取り出し、みそやしょうゆ、豆板醤、みりん、たくあん、サーロ［豚の脂身の塩漬け］、日本酒、さまざまなカントリーワインやミード［蜂蜜酒］がゆっくりと発酵するのを待っている。この発酵の王国では、待つことが大いに必要とされるのだ。

食品や飲料の微生物による変成作用への個人的なこだわりを題材として本を書き、発酵復興主義者として活動している間にも、私は発酵食品づくりを続け、学びを続け、自宅キッチンでの実験を続けてきた。とても光栄なことに、私は世界各地で発酵食品づくりを教える機会に恵まれたし、旅したおかげで果てしなく魅力的な（そしておいしい）非常に多様な文化的伝統から生まれた信じられないほど変化に富む発酵食品や発酵飲料を味わい、自分の目で見ることもできた。しかし私が発酵食品を作るほどに、そして発酵について考えたり話したり学んだりするほどに実感するのは、発酵の実践よりも奥深いメタファーとしての意味のほうに、私としては強く興味を引かれるということだ。

発酵を意味する英単語、fermentationは、文字通りに細胞代謝現象（微生物やその酵素が栄養素を消化し変容させること）を示すだけでなく、揺らぎ、興奮、泡立ちといった状態を暗示する、はるかに広い意味でも使われる。発酵という単語がこのように豊かなメタファーの能力を持つのは、その語源が「沸騰」を意味するラテン語のfervereに由来するためだ。発酵がバクテリアや菌類の働きによるものだという科学的

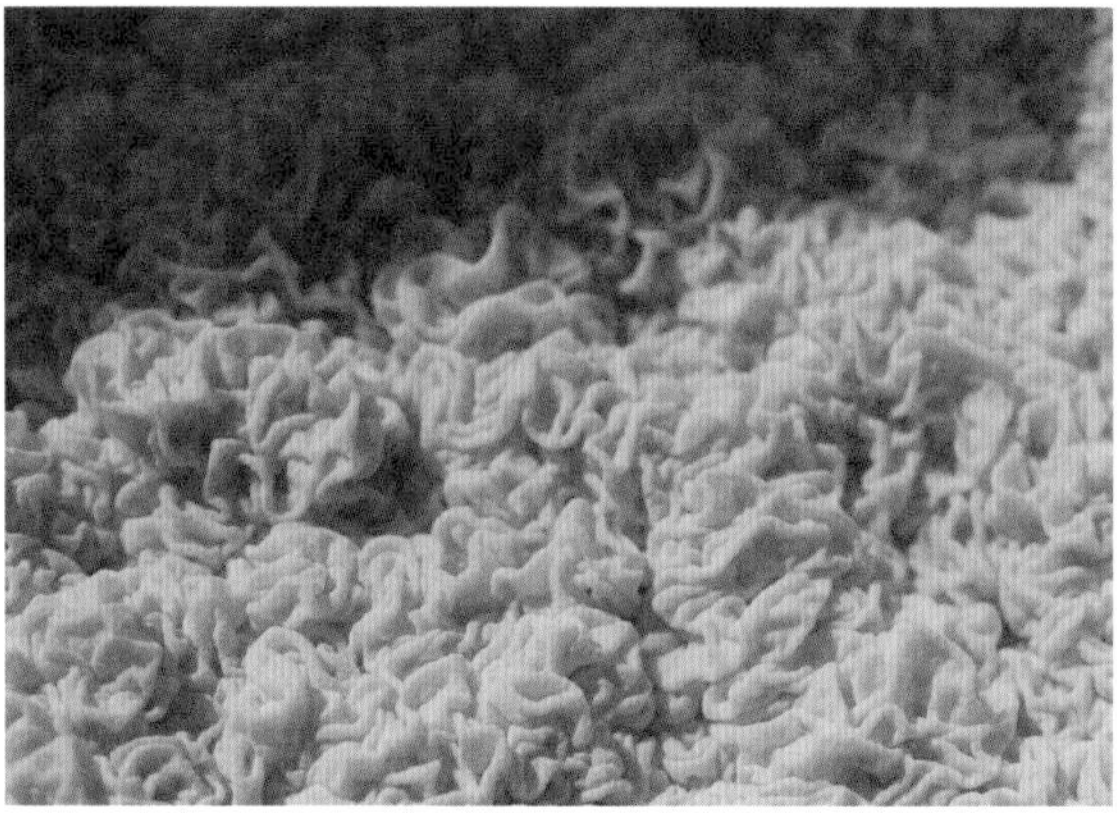

産膜酵母、マクロレンズで撮影。

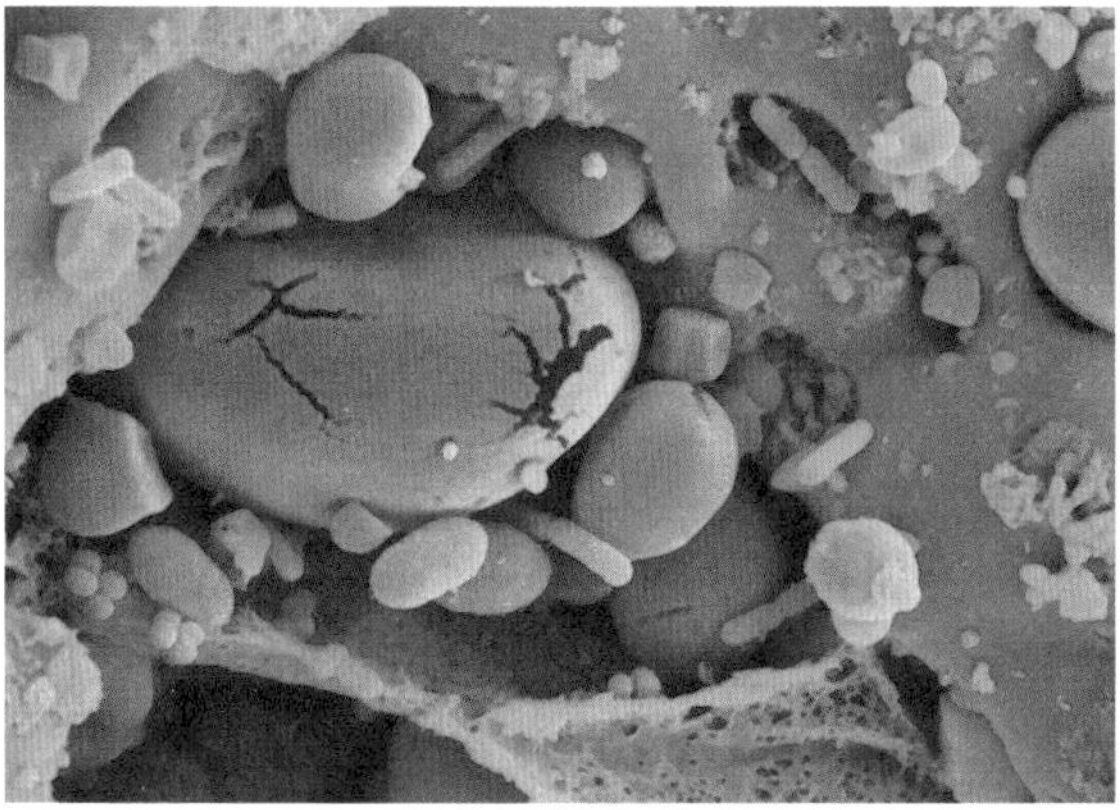

サワー種スターター、走査型電子顕微鏡で撮影。

知見が得られたのは19世紀末であり、比較的最近だが、そのはるか前から発酵は（一般的には）泡を作り出すものだと広く認識されていた。つまり、何であれ泡立つもの、興奮あるいは揺らいだ状態にあるものは、発酵していると言えるわけだ。

尊敬すべき『オックスフォード英語大辞典』をひもとけば、現存する最も古い文書に記録されたfermentationという単語の比喩的な用例は『ダビデの宝庫（The Treasury of David）』と題する1660年ころの聖書の注釈書に見られ、「青年の……若々しい欲望はfermentationの最高潮を迎えていた」という、なかなか生々しいものだ。同様に古いものとして、信仰心に対して使われた1672年の用例がある。「この教会の厳格さは、最高のfermentにあった。」1681年の政治状況の分析ではこう述べている。「この最初のfermentからはいくつかの分派が生まれ、泡立つまでに発展し、政府を脅かしている。」

メタファーとしての発酵には、きわめて広い使い道がある。私たちが心の中でアイディアを温め、想像力を働かせるうちに、そのアイディアが発酵して行くことはよくある。感情も、整理したり経験したりするうちに、発酵することがある。時には、この内面的な発酵が個人的な経験の枠を超えて、より広い社会的なプロセスへと発展したりもする。生物学的な現象と同様に、メタファーの意味でも発酵できないものは何もない。あらゆる発酵産物に関心を持つようになって以来、これまで何十年も私は読者として、fermentという単語が実にさまざまな形のメタファーとして文章の中で使われていることに注目してきた。ある記事によれば、「60年代末の音楽的fermentは、あらゆる方面からの影響を受けていた」そうだ。別の記事には「1920年代には、パンジャブ州は宗教的fermentのさなかにあった」という記述がある。ある芸術家の死亡記事には、彼が1955年にニューヨークへやってきて「当時の芸術的fermentにたちまち心を奪われた」とあった。2017年には、ある政治雑誌の編集者の「一定レベルの知的fermentを引き起こすためには、まさにトランプ大統領その人が必要とされていたのだ」という言葉が引用されている。

もちろん、発酵は特定のイデオロギーの独占物ではない。知的なものであれ、社会的な、文化的な、政治的な、芸術的な、音楽的な、宗教的な、スピリチュアルな、性的な、あるいはどんな形のものであれ、心が泡立つような興奮は誰もが経験するものだ。ふだんの生活の中でも、心の泡立ちを他人とシェアしている思いにとらわれることがある。どんな状況であれ、本来の意味での発酵と同様に、メタファーとしての発酵もまた、世界中の人々がさまざまな形で役立て、巻き込まれてきた、抑えることのできない力なのだ。

希望や夢や欲望、貧困や絶望や怒り、あるいはまったく別の力によって、発酵は引き起こされる。発酵は常にどこかで起こっているが、一般的にはどこでも起こるわけではない。起こったり起こらなかったりするため、あやふやなものと感じられることもある。しかしメタファーとしての発酵が起こるときには、それまであったものを別のものへと変容させながら拡散していくことが多い。発酵は、まさに社会的変化のエンジンだ。

変化の原動力として、発酵は比較的穏やかに作用する。泡立ちは炎とは違うのだ。発酵を、もうひとつの変容をもたらす自然現象、つまり火と対比して考えてみよう。火は、燃え広がる先にあるものをすべて焼き尽くす。発酵はそれほど劇的なものではない。変容のモードは穏やかでゆっくりとしている。着実でもある。地球上のすべて

栗麹、マクロレンズで撮影。

の生命を生み出し、すべての生命の基盤であり続けるバクテリアが引き起こす発酵は、抑えることのできない力だ。発酵は生命をリサイクルし、新たな希望を生み出し、そして果てしなく続く。

私の考えでは、料理の意味での発酵もメタファーとしての発酵も、一般的には良いものだ。しかし、ある種の発酵食品の強い独特な風味やアロマを（あるいは発酵食品というアイディアそのものを）恐れたり忌避したりする人もいれば、みんなが身の程をわきまえて、あまり面倒なことを言わなければ世の中はもっと良くなるのに（つまり、泡立ちや揺らぎや発酵は最小限であってほしい）と思っている人もいる。また、泡立ちや揺らぎからは社会正義だけでなく、憎しみに満ちた有害な考えも生じることがある。人種差別や警察の暴力に対する大規模な抗議活動は発酵の実例だが、世界各地での人種差別や移民排斥運動の暴走や、白人優位主義の考えを公然と口にする増長した人々もまたその実例だ。発酵は制御不可能な力であり、必ずしも望ましい変化を引き起こすものではない。それでもなお、メタファーとしての発酵は新しいアイディアやダイナミックなエネルギー、そしてインスピレーションの汲めども尽きぬ源泉であり、私たちの再生へ向けた最良の希望でもある。「発酵が私たちに示してくれるのは、あらゆるものの目に見えないつながりです」とメルセデス・ヴィヤルバ〔アルゼンチン出身でカリフォルニア在住の作家・人類学者〕は彼女の著書『Fervent Manifesto』に書いている。「あなたは未来を切り拓くことを学ぶのです」。〔原注3〕

必要とされているのは、泡立つ変容をもたらす発酵の力だ

現在は恐怖と不確実性に満ちた時代だ。気候変動ひとつを取ってみても、これまでの知識が通用しない事態が生じている。気温の上昇、溶けて行く氷河、海水面の上昇と海流の変動。異常気象は激しさを増し、暴風雨はより大規模で危険なものとなり、多くの人々が移住を余儀なくされる。農業は先行きが不透明となり、凶作に見舞われる。新たな害虫や伝染病の脅威。さらに未知の、あるいは想像もつかない影響が連鎖

する。

大量絶滅はすでに起こっているし、生態系はバランスを失っている。私たちの飽くことを知らない資源への欲求は気候変動を加速させるばかりか、より深刻で破壊的な資源の収奪を招く。所得の不均衡はこれまでにないほど拡大している。テクノロジーやグローバリゼーションによる安い労働力によって、労働者が追いやられているからだ。制度的・構造的な人種差別や性差別は世にはびこり、人々の反感を煽り立てようとする政治家によって流布され、悪用されている。

COVID―19のパンデミックが社会や国民生活、そして経済に与えた強烈な一撃は、私たちの大衆社会全体が大変動に対していかに脆弱であるかを如実に示している。今回、ウイルスの与えた衝撃はあらゆる方面に及んだが、人口密度の高い都市部では最も苛烈なものとなった。社会的大変動の要因としては、山火事や洪水、竜巻、あるいは地震など、より局所的な現象も考えられる。もちろん戦争もそのひとつだ。戦争は常にどこかで起こっているし、場所によっては長期にわたり続いている。

これらの理由から、またそれ以外の理由からも、人類は変容を切実に必要としてい

米麹、走査型電子顕微鏡で撮影。

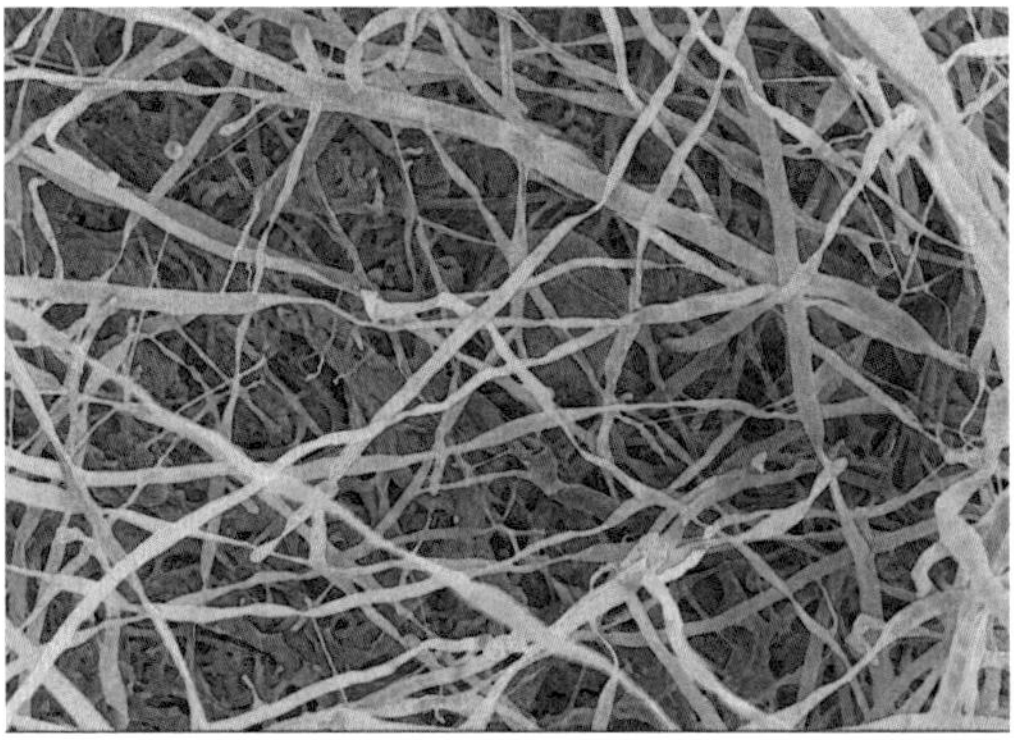

る。私たちの生活様式は、持続可能ではないことがわかってきた。私たちは、自分たちの生活様式を考え直す必要がある。今、かつてないほど必要とされているのは、泡立つ変容を引き起こす発酵の力だ。

＊＊＊

決して私は、キッチンで発酵食品づくりをするという単純な行為が世界を救う、などと言うつもりはない。『天然発酵の世界』(築地書館) の中で、私は発酵を「社会にモノ言う行為のひとつ」であると書いた。今でも私はそう思っているが、それは発酵に何かしら本質的に政治的な意味があるためではない。人の視野は狭くなることもあるし、具体的な理由から発酵食品づくりをする人も多い。例えば自家製の野菜を無駄にしたくないとか、健康増進のため、あるいは独特の風味を追い求めて、といった具合に。

自家製発酵食品づくりをラディカルなものとしているのは、それが置かれた文脈、つまり、さまざまな意味で持続不可能な現代の食料大量生産システムに他ならない。私たちが支配されている食料システムは汚染を引き起こし、資源を消耗させ、廃棄物を生み出すばかりでなく、生産される食料は栄養素に乏しく、広範囲の病気の原因ともなる。おそらくそれよりもなお重要なのは、人々の技能と意欲を失わせ、私たちを自然界から遠ざけ、大量生産と流通のシステムに完全に依存させていることだ。それが機能しているうちは問題ない。しかしウイルスのパンデミックだけでなく、燃料の不足や価格高騰、戦争や自然災害など、さまざまな大変動の可能性に対しては脆弱だ。現地や地域での食料生産を拡充し、同時にそれに伴う経済を変容させて行かなければ、本当の意味での食料安全保障は達成できない。

食料とその生産方法は、人と地球の関係、あるいは人と人との関係を変えて行く上で、きわめて重要な意味を持つ。食料は、共同体を作り上げ、強化するための手段ともなる。食料を生産することは、非常に倫理的なエネルギーの使い方だ。生産的な方法で、あなた自身と他の人にとっての必需品を作り出すからだ。食料を現地生産することは、より広い意味でその地域の経済に刺激を与える。資源を収奪するのではなく、再循環させるからだ。食料生産に携わることは、私たちが自信を取り戻し、身の周りの世界とのかかわりをより強く感じ取るためにも役立つ。

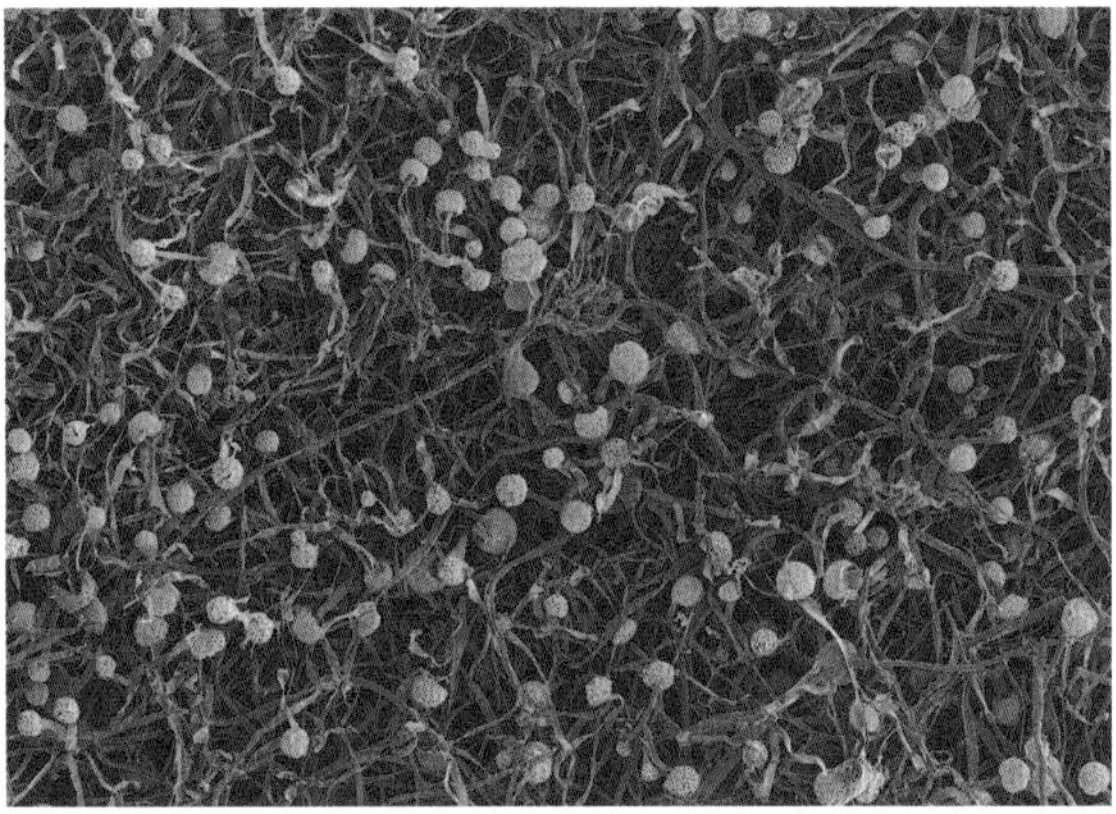

テンペ、走査型電子顕微鏡で撮影。

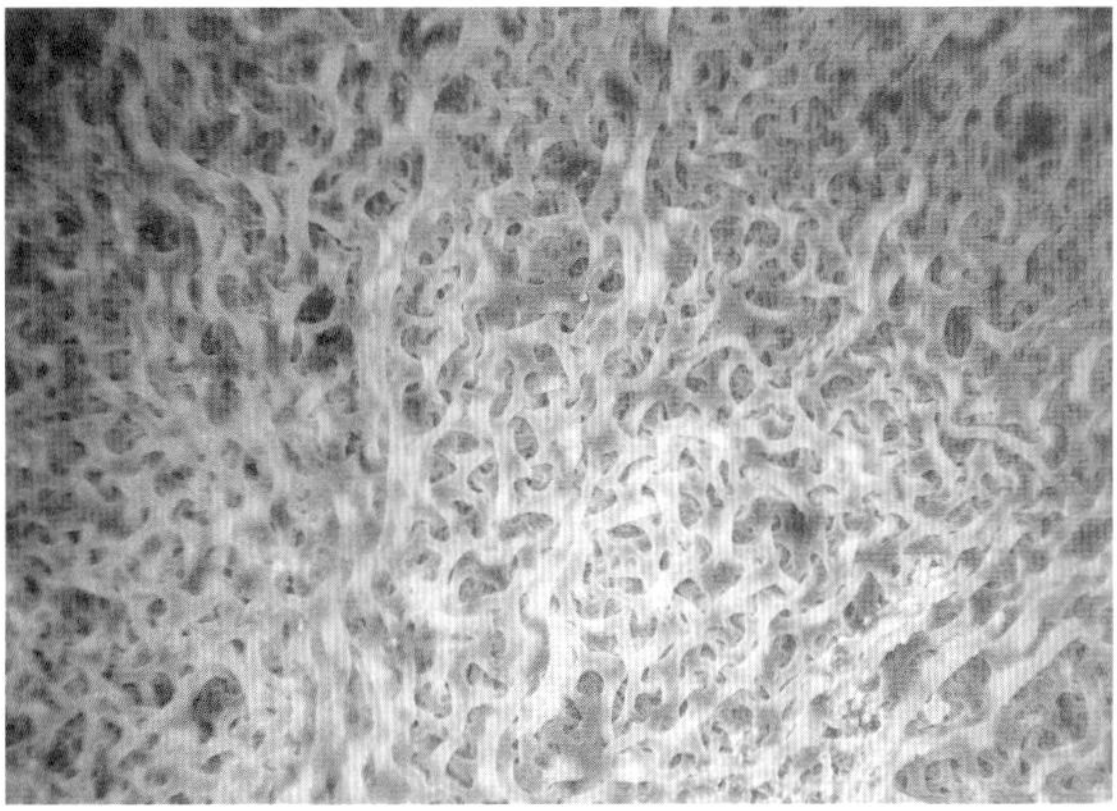

産膜酵母、実体顕微鏡で撮影。

私たちの社会を再編成し、資源の収奪に血道をあげるのではなく再生に専念するように変えて行く方法を、見つけなくてはならない。私がお説教をしているとは思わないでほしい。私は完全に自分の主張に沿った生き方をしていないので、偽善者に見られるかもしれない。例えば、私は発酵を広めたいと熱望するあまり、たぶん知り合いの誰よりも多く飛行機の旅をしている。また自宅は農村地帯にあるので、ほとんどどこへ出かけるときにも自動車を運転して行く。理念に沿った生き方をして、飛行機やあらゆる化石燃料を動力とする交通手段を完全に避けている人たちを私は大いに尊敬するが、私自身は他の多くの人と同じような移動手段がデフォルトとなっている。

私自身を含め、私たちには移動を減らすとともに成長への期待を抑えることが切実に必要とされている。私たちに必要なのはダウンサイジング、つまり私たちひとりひとりの依存するカーボンフットプリントを大きく減らし、より公平な資源の配分を実現することだ。また個人主義から、より協力的で協調的な共同作業と相互扶助のモデルへと視点を移す必要もある。私に大掛かりな計画があるわけではないし、現代の企業に支配された政治システムの中で私は大掛かりな計画に不信を抱くようになってきた。しかしこの方向へ進めば、きっと地球や身の回りの生命（植物や動物、菌類からバクテリアに至るまで）に親しみを感じる人が増えることになるだろう。食料を生産することには、そんな力がある。自分の身の周りの環境に、より注意を払うようになるのだ。そしてこのことは、もちろん発酵についても当てはまる。

対バクテリア戦争

意味やメタファーは増殖する。食品や飲料を発酵させると、栄養素がより単純な形態に分解され、吸収されやすくなるのが一般的だ。有害な化合物が無害な物質へと分解されることもある。メタファーとしての発酵も、同様の分解作用を引き起こす。古い構造やアイディア、信念、そしてパラダイムは必ず崩壊する。しかし発酵は、決して行き止まりではない。何かが崩壊すると、新しいものが生まれる。そして新しく生まれたものも、いつかは崩壊する。その繰り返しだ。

現時点で崩壊しつつある大きなパラダイムのひとつに、私が「対バクテリア戦争」と呼んでいるものがある。これは、病原性微生物の発見と制圧という微生物学の輝かしい過去の勝利から生まれたひとつの公衆衛生キャンペーンであり、イデオロギーだ。対バクテリア戦争は20世紀を通して隆盛を極め、科学が産業界や政府と共同戦線を張り、化学物質を武器にしてバクテリア性疾患に戦いを挑むと同時に、バクテリアは根絶されるべき敵であると私たちに刷り込む大々的なプロパガンダが展開された。当初は水道水の塩素殺菌や抗生剤など人の命を守るためのものだった対バクテリア戦争は、やがて行き過ぎたものとなり、現在では成長を早めるため家畜に抗生物質を定期的に食べさせ、石鹸などの家庭用品へ抗菌剤を添加するまでに至っている。20世紀生まれの人の大部分は、対バクテリア戦争で教え込まれたことしかバクテリアについて知らない。つまり、可能な限り避けるべき病原体であり、見つけ次第あらゆる可能な手段を用いて根絶されるべきだと思っているのだ。

そのような歴史を踏まえると、1世紀以上にわたる対バクテリア戦争の後では、食品や飲料の中でバクテリアや菌類を培養するという発酵のアイディアそのものが、難

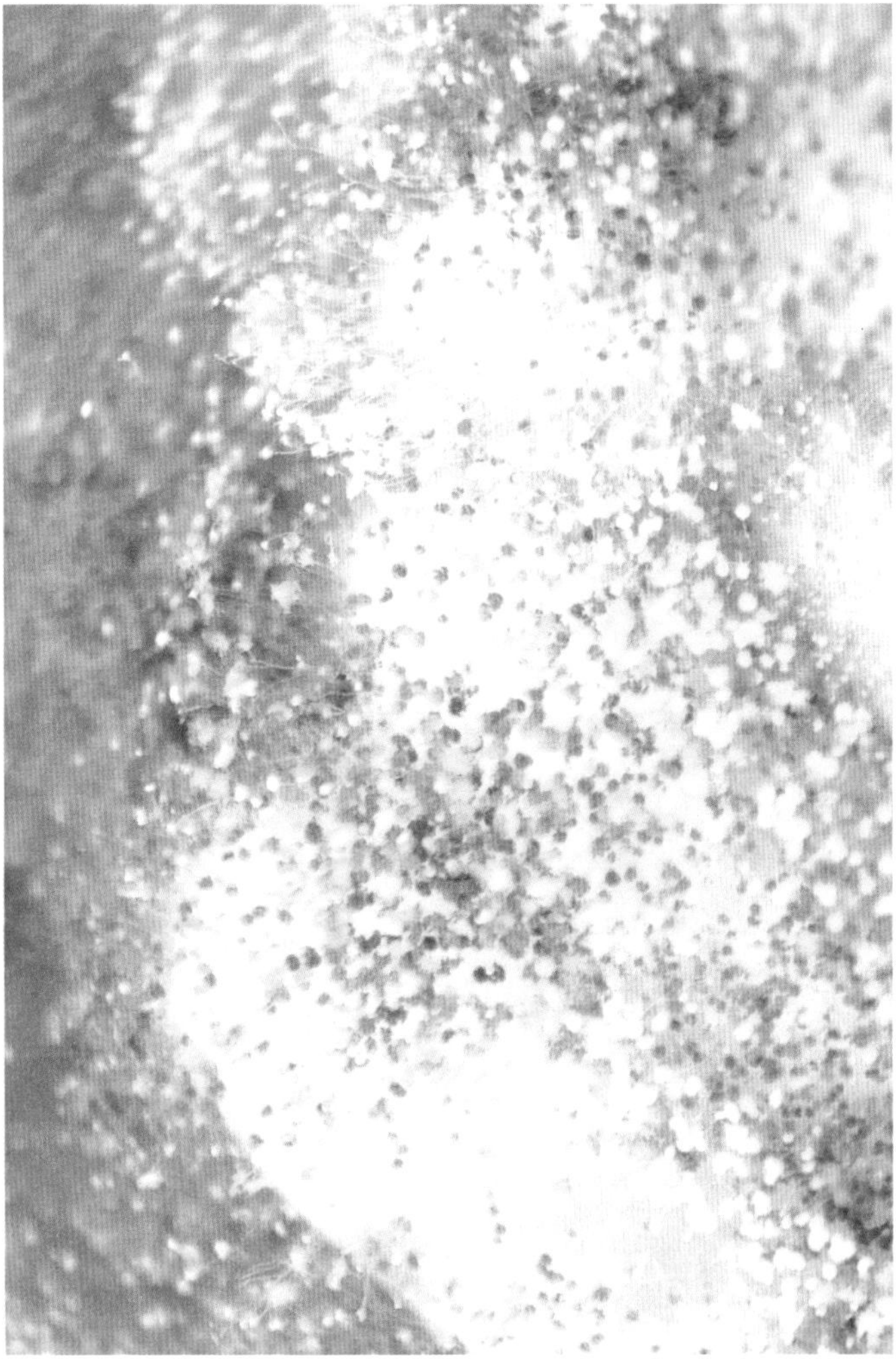

胞子を形成している米麹、実体顕微鏡で撮影。

しい概念的な問題を生じさせるのも当然だ。バクテリアや菌類に関して教え込まれた不安を、発酵に対しても投影してしまう人は多い。長年にわたって私が答え続けてきた質問のひとつに、「発酵野菜のジャーの中で育っているのが良いバクテリアであって、私を病気にしたり誰かを死なせたりする危険なバクテリアではないことが、どうすれば確信できるでしょうか？」というものがある。そう確信できる最大の理由は、発酵野菜と関連する食中毒や病気の症例が、どこにも、まったく存在しないという事実だ。

　発酵野菜は最も安全な食品のひとつであり、その理由は発酵のプロセスが自己防衛的であること、つまり作り出される乳酸によって病原菌が（たとえ存在したとしても）たちまち死滅してしまうことにある。私たちにとって幸いなことに、酸性環境で生き延びられる病原菌は存在しないからだ。肉や魚、そしてミルクの発酵も、発酵野菜ほどの安全性の実績はないものの、きわめて安全であり、適切な発酵によってこれら高タンパク質動物性食品の安全性は向上する。発酵食品や発酵飲料の安全性は根強い人気によって裏付けられているのだが、現在では多くの人が不安を感じるのもやむを得ないことだろう。

バクテリアに関する科学的知見は、ここ数十年で大きく変化した。パストゥールに始まり、20世紀を通して行われてきた微生物の研究手法は、単一の種を分離・培養し、その単一の種を（時には2・3種の相互作用を）観察することだった。新たな遺伝分析手法によって、微生物を動的で複雑な群集として、つまり自然界のあらゆる場所に存在しているのと同じ状態で、研究できるようになった。こういった群集は実にさまざまに異なっており、それぞれ固有のニッチな環境へユニークに適応していて、そのうえ膨大な適応能力を秘めている。バクテリアは驚くべき遺伝的柔軟性を示し、変幻自在な能力で遺伝子を取り込んだり切り離したりするため、微生物学者たちは「種」といった基本的な概念が当てはまるかどうか、疑問を感じているほどだ。バクテリアのような原生動物（核を持たない単細胞生物）が地球上の最初期の生命形態であったこと、そして現在でもすべての多細胞生物にとって不可欠な代謝パートナーであり続けていることは、広く科学的に認識されている。

しかし一般には、相変わらず危険、病気、そして死といった悪いイメージばかりが

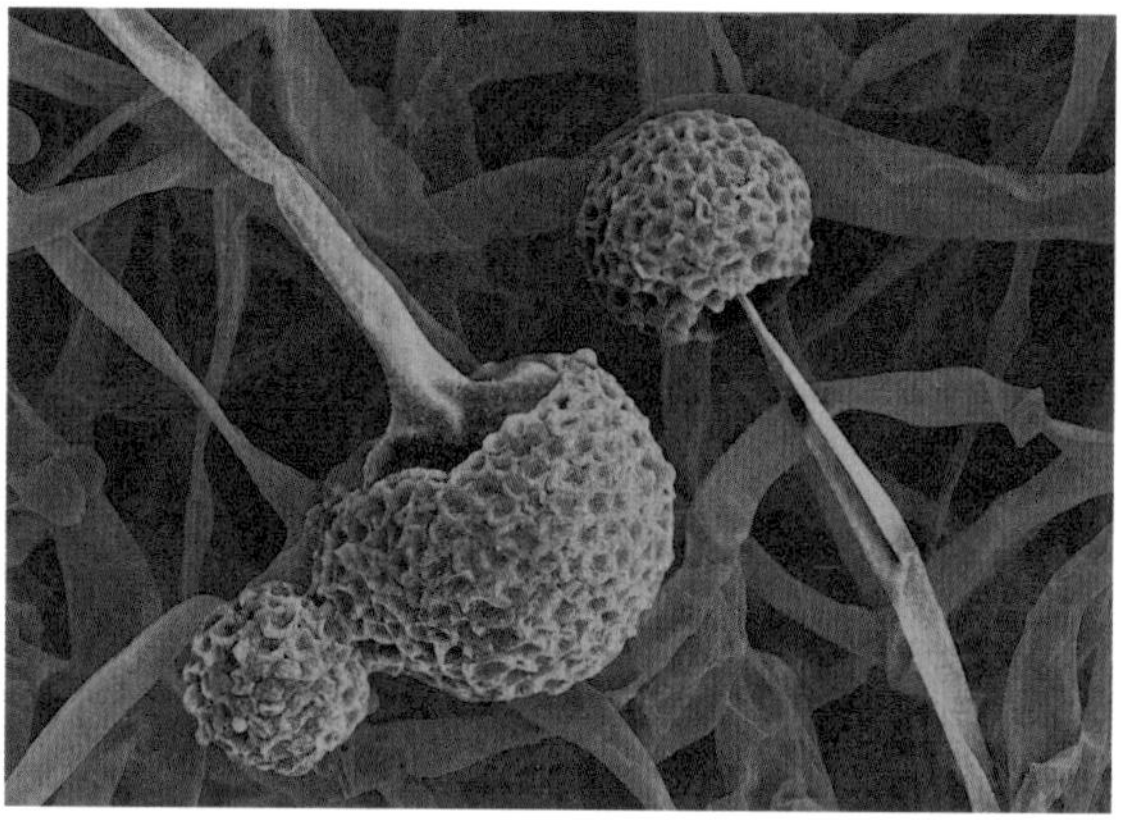

テンペ菌、走査型電子顕微鏡で撮影。

カビの生えた雑穀、実体顕微鏡で撮影。

バクテリアに付きまとい、バクテリアに対する全面戦争は激化する一方だ。抗生物質の使い過ぎを示す広範な証拠や認識にもかかわらず、医療や農業における過剰使用が止む気配はない。トリクロサンなどの抗菌性化学物質は、石鹸、洗剤、清掃用品、練り歯磨きやマウスウォッシュ、保湿剤や化粧品、ごみ袋や食品用ラップ、そして繊維や建築材料などにも広く使われ続けている［訳注：トリクロサンをはじめとする19種類の抗菌成分は2016年にアメリカで薬用石鹸への使用が禁止され、日本でも使用しないよう厚生労働省から通達が出ている(https://www.mhlw.go.jp/stf/houdou/0000138223.html)］。これらの化学物質の広範囲の使用は耐性菌の出現を早めるという証拠があるにもかかわらず、その生産や使用を行う業界は根深い不安をかき立てることによって利益を上げている。まさに規制対象となる業界の出身者から構成される規制当局が、手を貸していることも多い。政府へ陳情を行う業界の狡猾な「回転ドア」［訳注：いわゆる天上がり］だ。

抗生物質や抗菌剤の入った洗剤の使用にも、あるいはどんなことについても、私は純粋主義者ではない。私はただ、それらが最も必要とされる状況に使用を制限することが望ましいと考えているだけだ。その理由は2つある。ひとつは健全な微生物群の崩壊を最小限にとどめるため、もうひとつは耐性菌の出現を遅らせて抗生物質の効き目を保つためだ。私は外科医のチームが抗菌剤入りの石鹸で手を洗うことは望ましいと思うし、そういった状況での有効性が（家庭や学校や職場など、あらゆる場所で同じ化学物質が使われることによって）低下することは望ましくないと思っている。「最も強力な薬品の中にも、役に立たなくなってきたものがあります」と米国感染症学会が警告している。「今すぐ行動を起こさなければ、私たちの未来はこういった『特効』薬が開発される以前の状態に逆戻りしてしまうかもしれません。そのような未来においては、人々がありふれた感染症で死んで行き、私たちが当然だと思っている多くの医療行為――外科手術、化学療法、臓器移植、未熟児のケアなど――が不可能になってしまいます。」［原注4］私は抗生物質で命を救われたことが何度もある。しかし基本理念としては、できるだけ抗生物質は具体的に対象を絞って使われるべきであり、広範囲の使用は慎むべきだと思う。また抗生物質の処方や使用はもっと慎重に行うことが望ましい。広範囲に活性を示す抗生物質ほど、付随的な被害も大きいからだ。

COVID—19のパンデミックは新時代の幕開けを告げ、対バクテリア戦争に対ウイルス戦争が取って代わった。もちろん私も推奨される感染予防策に従っているし、HIVというもうひとつの悪名高い殺人ウイルスとはもう30年間も共存している。私がここ20年間生き延びてこられたのは、抗ウイルス薬のおかげだ。しかしウイルスの恐怖を味わい、死の淵に立たされた人間であっても、総体的に見てウイルスが私たちの生存に重要な役割をはたしていることは認識せざるを得ないし、それを指摘することが私の務めだとも思っている。ウイルスの一種であり、バクテリアを標的とするファージは、地球上で最も数の多い生命体［訳注：一般的には、ウイルスは生物ではないと考えられている］であり、その数はバクテリアを含めた他の生物の総数をもしのぐという。バクテリアが存在する場所ならどこでも（つまりあらゆる場所に）、ファージは存在する。バクテリアと同様に、ファージなどのウイルスは私たちを支える複雑な生物の網の目に組み込まれている。この網の目全体が、私たちの生存を可能としているのだ。

対バクテリア戦争のロジックを反映してか、何かを安全に（あるいは効果的に）発酵させるためには使用する容器や道具を徹底的に滅菌しなくてはならないと考える人

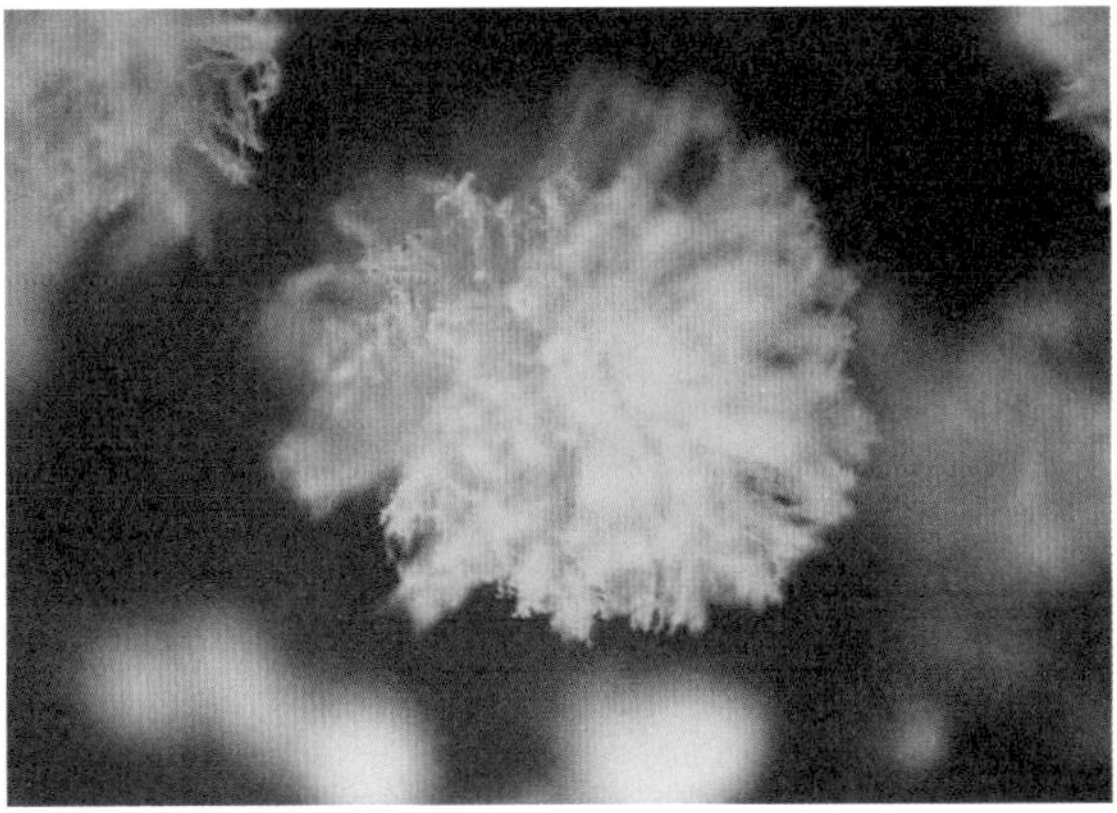

放置されたコンブチャに生えたカビ、実体顕微鏡で撮影。

が多いようだ。滅菌とは純粋さ、つまり汚染がないことを意味する。確かに、ほとんどの（ごく小規模であっても）工業的なビールやワインの醸造やチーズ作りなどの発酵の際には、さまざまな反応性の高い化学薬品を使った手順に従って消毒や殺菌を行うことが求められる。しかし特定の非常に限られた場合を除けば、滅菌された微生物のいない環境は空想の世界にしか存在しない。

純粋と汚染

純粋さの特筆すべき性質は、それが達成不可能であることだ。決して到達できない、野心的な目標なのだ。金は純度が99・9パーセントあれば、純金と呼ばれる。たいていの化学物質はそれほど純粋なものではなく、純度に応じて等級付けされる。農産物も決して純粋なものではない。米国食品医薬品局の「欠陥レベルハンドブック」に掲載の「人体に健康被害を及ぼさない食品中の自然または不可避の欠陥のレベル」の図表では、2パーセントまでの「哺乳類の排泄物」が許容されており、同様にさまざまな食品における昆虫の破片、昆虫やげっ歯類の「汚物」、ハエの卵、幼虫などの許容できるレベルが規定されている。

細心の注意を払って清潔にすることはできても、純粋な環境は実現できない。何物も純粋ではあり得ないからだ。特に食器洗い用のスポンジには、「これまでに考えられていたよりも高いバクテリア多様性」が見られると研究者は述べている（2017年の遺伝子情報解読研究による［原注5］）。微生物の多様性は、すべての生命の基盤だ。そこから逃れることは不可能だし、望ましくもない。

多様な微生物への**不十分**な接触が、アレルギーやぜんそくなど自己免疫性疾患の蔓延を招くことを示す証拠が、次々と見つかっている。出産はバクテリアと接触する大きなイベントだが、帝王切開の比率が上昇するにつれて、多くの赤ちゃんがこのきわめて重要な接触なしに生まれてきている。授乳の際にも母乳と一緒にバクテリアが取り込まれるが、母乳保育されない赤ちゃんも多い。ほとんど（あるいは一度も）泥んこ遊びをしたことのない子どもは珍しくないし、動物と遊んだことのない子ども、他

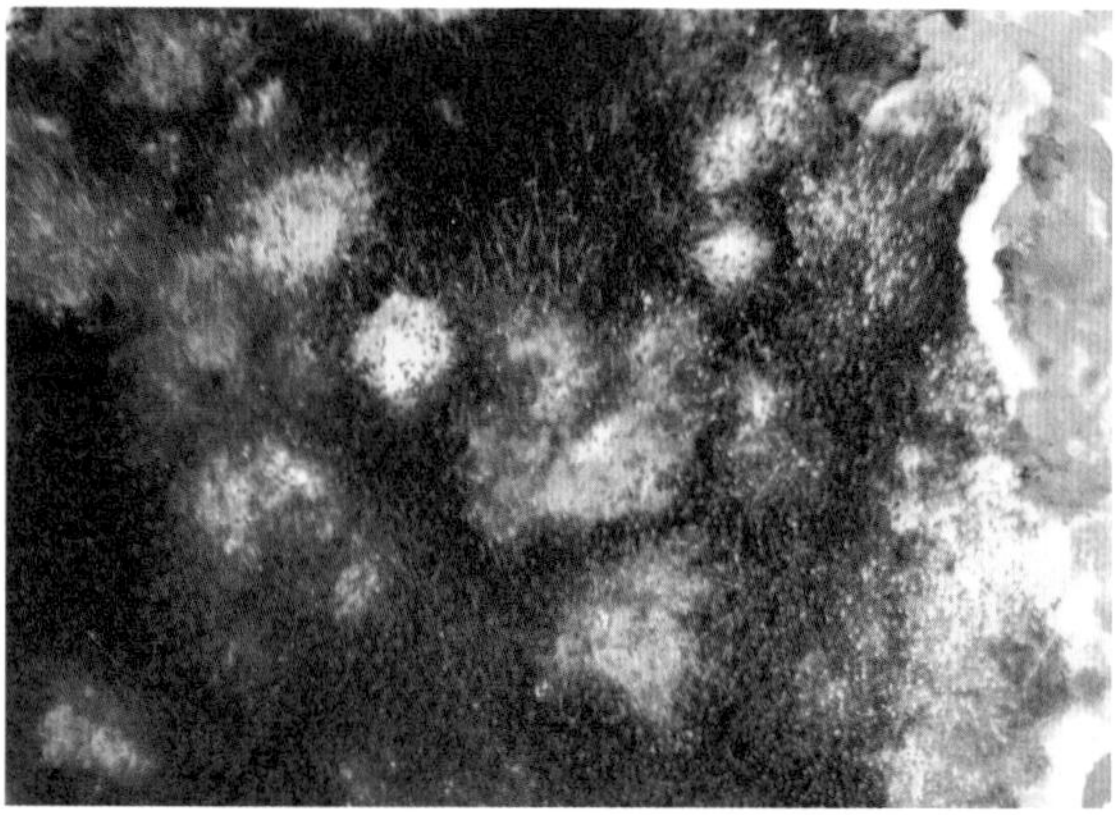

カビの生えた雑穀、実体顕微鏡で撮影。

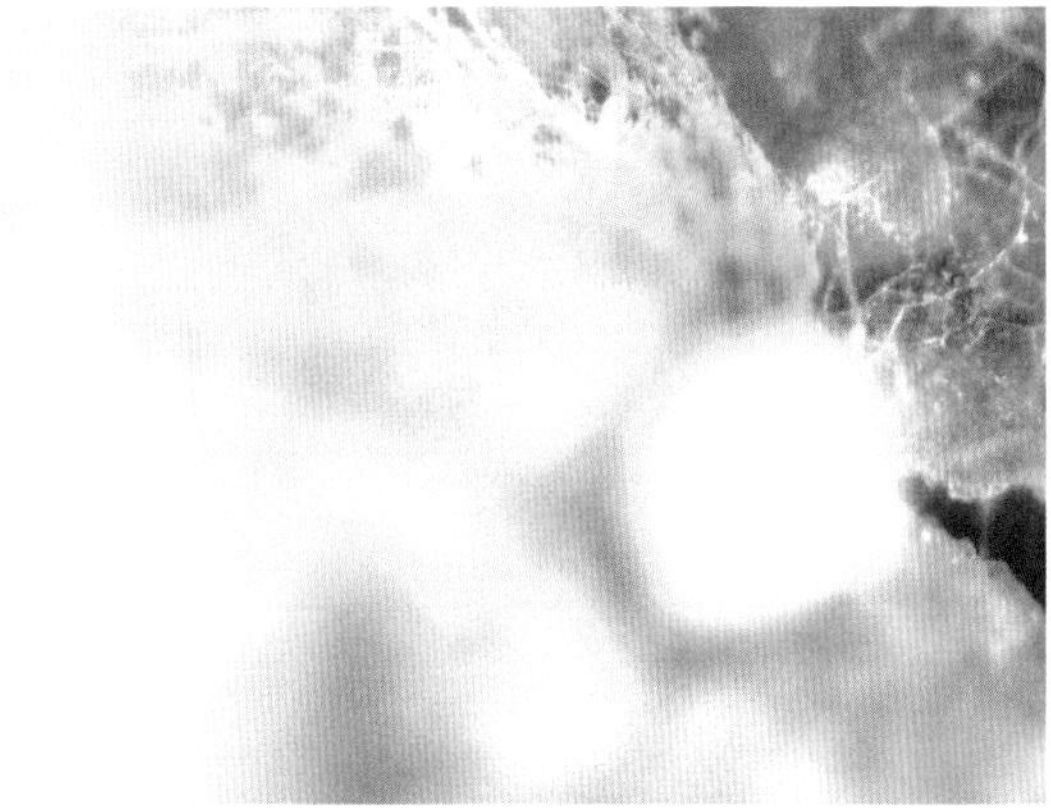

カビの生えたパン、実体顕微鏡で撮影。

の子と遊んだことのない子どもさえいる。過保護な親の中には、赤ちゃんが自分の口を使って世界を探検することをやめさせようとする人もいる。それもまた、微生物と接触する重要な経路なのだが。大部分の人が教え込まれてきたこととは反対に、一般的には生物多様性が私たちの脅威となることよりも、私たちを強くしてくれることのほうがはるかに多い。

純粋さと対置されるものが汚染だ。純粋さが達成不可能な状態である以上、汚染は避けられない。汚染を意味する英単語、contaminationの語源はラテン語のcontaminare（汚す）だが、これはcon（〜と）とtangere（触れる）とを組み合わせた言葉だ。私たちは他の生物に囲まれて生きているのだから、接触は避けられない。汚染に関して問題となるのは、汚染が存在するかどうかではなく、汚染の程度だ。生物多様性は厳然たる事実だが、さまざまな環境における微生物群の組成や集団密度といった点では違いがある。

それでも私たちの集団心理には、「バイキン」が不気味な影を落としている。バイキンに相当する、大雑把に言って芽生えを意味する英単語、germの語源をたどると、ラテン語のgerminis（芽生える）、さらには印欧祖語の語根gen（子を産む）に行き付く。微生物学の誕生以降、germはバクテリアやウイルスや病気を引き起こすと認識されるその他の微生物、つまり私たちの中で芽生えて病気を作り出す微生物を包括的に意味するようになった。

私たちはバイキンを恐れ、バイキンとの接触をなるべく避けようとする。化学業界はこの不安を煽り立て、バイキンを私たちの身体や環境から根絶して安全を守るという触れ込みの製品を絶えず供給するために利用している。この根絶による保護という触れ込みは、幻想にすぎない。実際には微生物を根絶することは自殺行為であって、「私たち」は「彼ら」なしでは存在し得ないのだ。バクテリアやウイルス、菌類などの微生物は私たちの一部なのであり、もっと正確に言えば、私たちが微生物の一部なのかもしれない。

マイクロバイオポリティクス（微生物をめぐる政治学）

私たちは、いわば微生物的な力場の中で生きている。それは私たちの皮膚や体内に住み着いているバクテリアやウイルス、菌類など微生物の複雑なコミュニティーであり、生涯にわたる接触によって積み重なり、化学物質や食習慣などの選択的な環境の影響力によってふるいに掛けられたものだ。これらの微生物は、人間の機能を効果的に発揮させる意味でも、そして人体の調節プロセスの多くに組み込まれているという意味でも、私たちの一部なのであり、そのことに私たちはやっと気づき始めている。微生物との接触により免疫系の発達が促されるとともに、私たちの腸の中にいるバクテリアは体内細胞と協力して免疫や消化を促進し、不可欠な栄養素や化学物質を合成し、そして脳を含め、数多くの器官系の調整役を務めている。私たちの皮膚や、口や鼻などの開口部に存在する健全な微生物コミュニティーは身体防御の第一線であり、外来微生物を撃退して自分自身を守り、ひいては私たちを守っている。生物多様性に

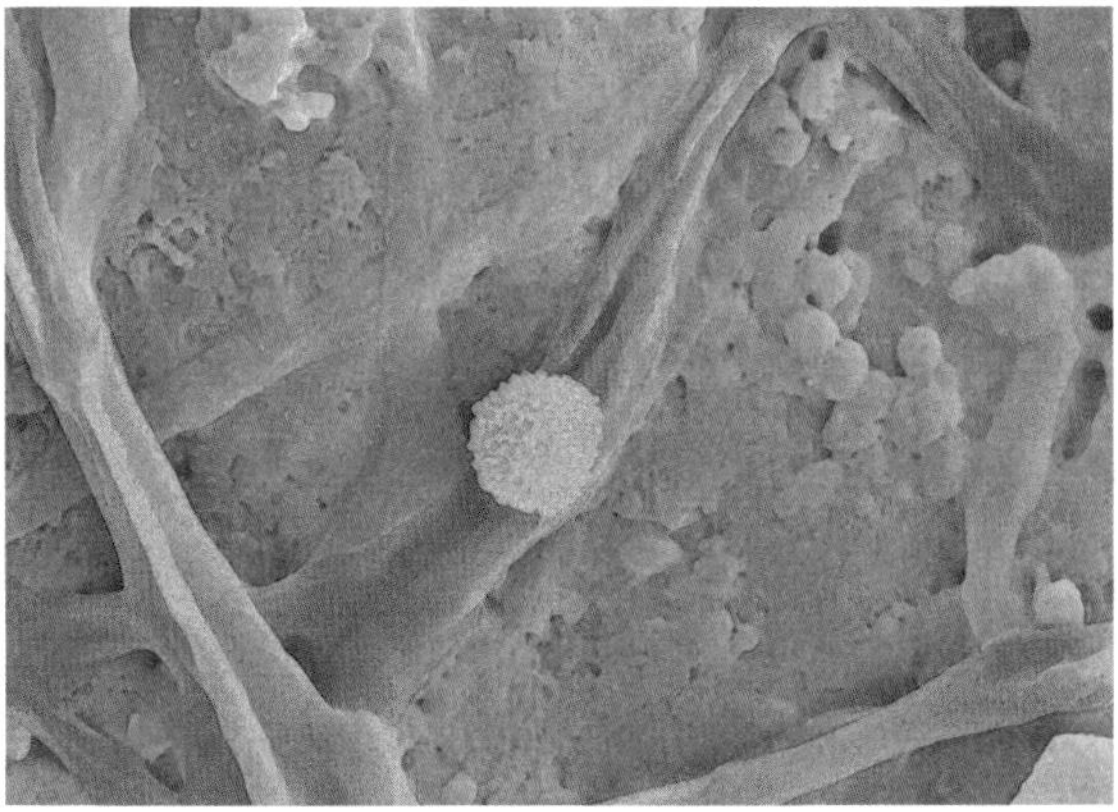

米麹、走査型電子顕微鏡で撮影。

よって、まさしく私たちは保護されているのだ。

私たちの一部である微生物コミュニティーが私たちを保護しているのと同じように、発酵食品中の微生物コミュニティーも食品を保護する役割を果たしている。ザワークラウトの場合、せん切り野菜に塩を振って漬け込むとすぐに乳酸菌が微生物コミュニティーを支配し、環境を酸性化するため、耐酸性のない病原菌は死滅してしまう。同様の変化は、その他多くの発酵の領域でも起こっている。チーズ作りも、そのひとつだ。米国における手作りチーズの復興を研究してきたヘザー・パックソンという人類学者は、こう指摘している。「微生物汚染を強制的に根絶して自然を手なずけようとする規制命令――**パストゥール的**マイクロバイオポリティクス――とは対照的に、**ポスト・パストゥール的**な、ポスト牧畜的な代替手法が重視するのは、自然を完全に客体化することなく、また人間の営みと決して完全に分離することなく、自然のエージェントに擬された微視的生命体との選択的パートナーシップを構築することである。パストゥール的アプローチでは自然界を手に負えない危険なもの、人間のコントロールが必要とされるものとして扱うのに対して、ポスト・パストゥール的な視点

では、自然と文化、微生物と人間といった異なる主体同士の協力の可能性が強調される。」〔原注6〕

私は、パックソンの**マイクロバイオポリティクス**という言葉が気に入っている。この言葉自体が、エコロジカルな思考と生物多様性の必要性を示している。私たちは密接に関係しあい、相互依存しているからだ。「強制的に根絶して自然を手なずけようとする」ことは、敗北を招くマイクロバイオポリティクス戦略のように思える。根絶されるものの中には、私たちも含まれるのだ！　私たちは抗菌剤や抗生剤、そして抗真菌剤をもっと慎重に使う必要があるし、できるだけ具体的に対象を絞って使い、広範囲の使用は慎むべきだ。私たちの一部である微生物コミュニティーを強引に根絶すれば重大な弊害を招き、完全に実行されれば結果は悲惨なものとなる。純粋さという幻想を追い求めるのは、百害あって一利なしだ。

本来の意味での発酵について言えば、現代の発酵で多く使われるイーストなど分離されたさまざまなバクテリアや菌類の「純粋培養」スターターは科学の新発明であり、古代からの発酵の伝統を逸脱したものだ。パストゥールが酵母などの微生物を分離し継代培養することを150年前に初めて可能とするまでは、世界中どこでも有史以来、発酵の伝統で利用されてきたのは混合培養微生物だった。これはブドウの皮や生乳、野菜、小麦、ライ麦などの自然界に見られ、あらゆる環境中に存在する微生物のコミュニティーのことだ。

オールド・ワールド〔訳注：中央アジアやヨーロッパなど、古くからワインが作られてきた地域〕的な、ブドウの育つ地域で普遍的に愛好され地球上の大部分の地域でエリートたちに崇拝されてきたワインづくりの手法では、ブドウがつぶされた後、皮や枝の付いたまま発酵が始まるまで放置される。実に簡単だ。純粋培養された酵母を使うことによって、ばらつきは減ったかもしれないし、容易にワインの製造規模を拡大できるようにもなったが、同時にプロセスを大いに複雑化することにもなった。まず、化学薬品でブドウの皮に付着した微生物を殺すことが必要だ。これまではブドウと一緒についてきた、酵母を購入する必要もある。そして純粋培養された微生物は他の微生物に負けてしまうため、さらに化学薬品を使って容器や器具を消毒しなくてはならない。モノカルチャー的な農業モデルと同様に、それは単一種の微生物だけが育つように人工的に

大麦麹、走査型電子顕微鏡で撮影。

作られた環境であり、私たちが発酵させるあらゆるものに存在する複雑なコミュニティーではない。そこからは、すべてを滅菌することが必要だというロジックが導き出される。純粋でないものはすべて、汚染されているのだ。

政治的な武器としての純粋さと汚染

純粋さと汚染の概念は現実離れしたものだが、それらは非常にわかりやすい形で応用され続け、私たちの思考や世界観を形成し、イデオロギーや倫理や文化的闘争を特徴づけ、法や政策の原動力となってきた。国粋主義的な政治運動において、自分たちの人種／国家／文化／血統を純粋なものとして描写し、その純粋さが他の人種あるいはエスニックグループによって汚染されようとしている、と非難することは、ここ米国だけでなく世界中で見られる。バクテリアに関する非理性的な不安を発酵に投射する人がいるのと同じように、他者による汚染というありったけの非理性的な不安を人種／国家／文化に投射する人もいるのだ。私たち人間には「私たち」対「やつら」という対抗軸を想定する傾向があるようだ。他者に対する不安は繰り返し利用され、さまざまな地理的・歴史的文脈の中で、不安をかき立てるために使われてきた。汚染が具体的にどこに由来するのかは変わることがあっても、汚染の脅威が強力な政治的な武器であることには変わりない。

不安をあおる声は、あちこちから聞こえる。ウイルスを持ち込んだ中国人に気を付けろ！　中米からの難民急増に気を付けろ！　シリアからの戦争難民に気を付けろ！　選挙の不正に気を付けろ！　トイレに入ってくるトランスジェンダーの連中に気を付けろ！　マイノリティーによる不当な権利侵害に気を付けろ！　ユダヤ人の陰謀に気を付けろ！　次はだれがスケープゴートになるのだろうか？

私たちとは異なる人々がいるのと同じように、微生物は人生の現実だ。私たちは汚染された世界で生活し、常に微生物と接触している。長い進化の道のりを経て、私たちはバクテリアから生まれた。私たちはバクテリアやウイルスなど数多くの微生物に

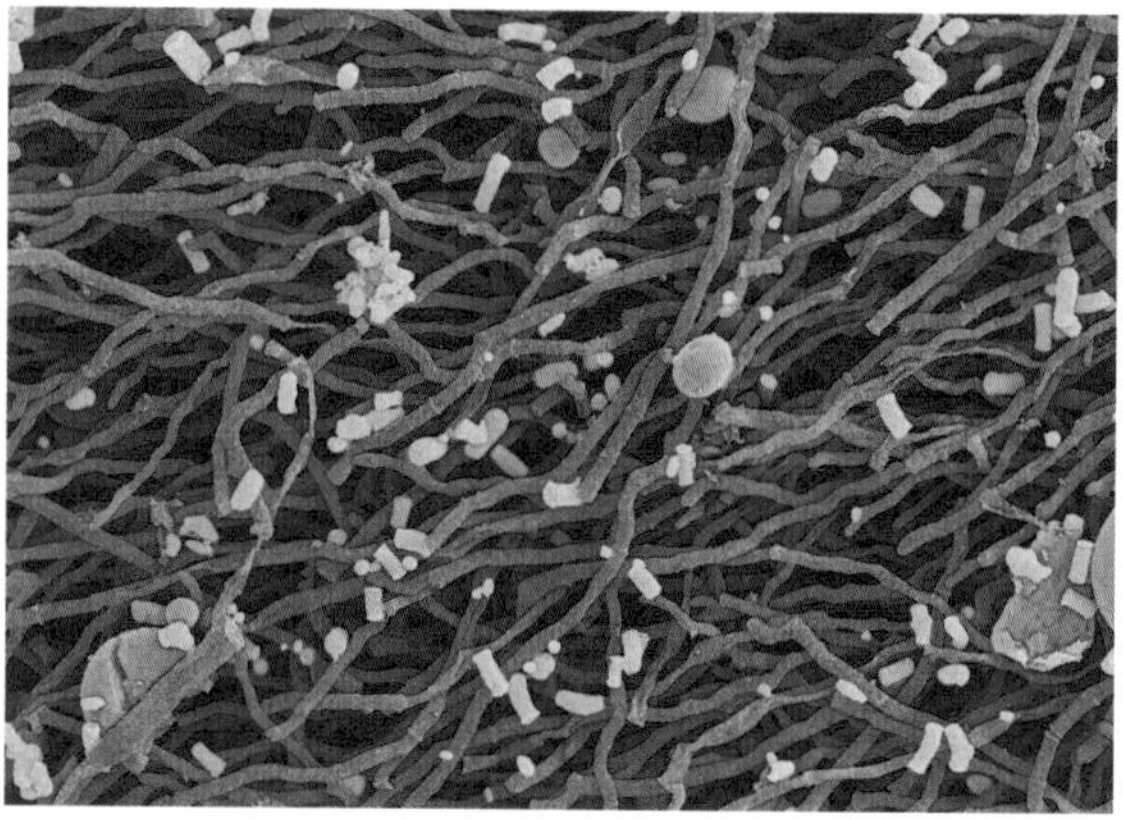

ライ麦サワー種スターター、走査型電子顕微鏡で撮影。

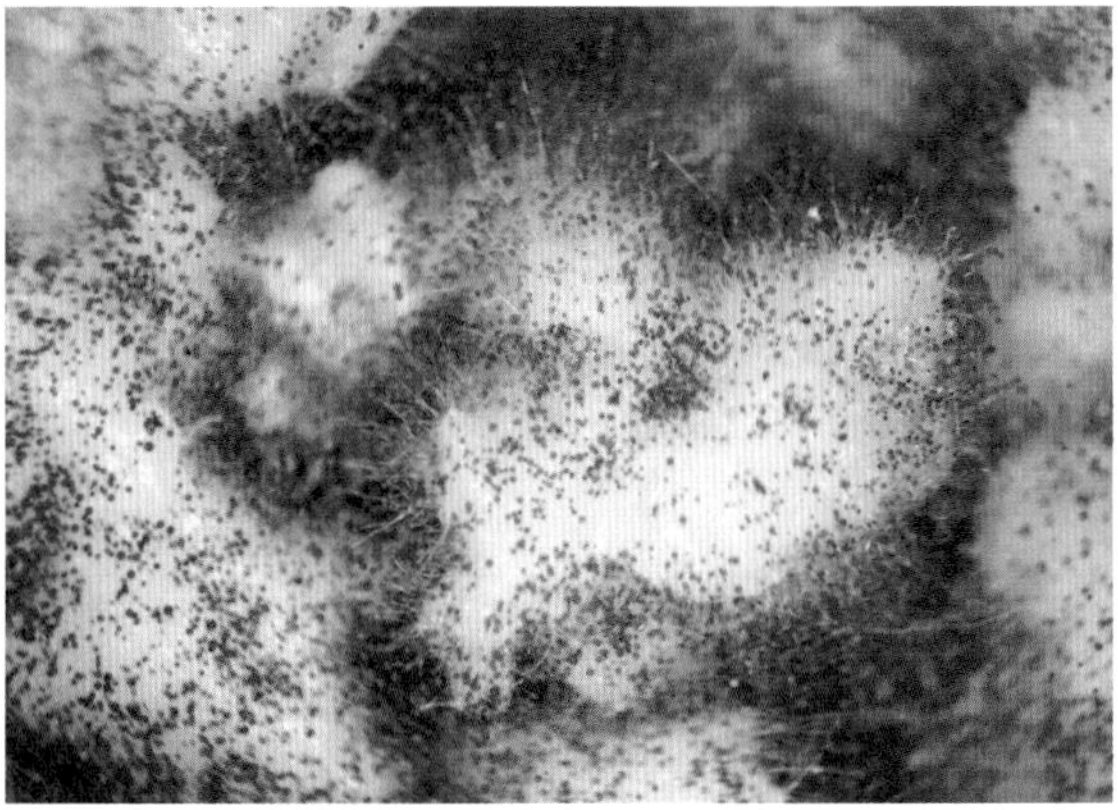

カビの生えた雑穀、実体顕微鏡で撮影。

囲まれて生きている。私たちが機能し生存しているのは微生物たちのおかげだ。純粋さが汚染のない状態を意味するのならば、それは純然たる幻想だ。

微生物は、私たちの存在には不可欠なものだ。もはや、どんな手段を講じても打ち破るべき不倶戴天の敵と考えることはできない。そうではなく、私たちは微生物をパートナーとして認識すべきだ。食物繊維に富む食事をとることによって、微生物を養うことができる。食物繊維が大腸に住むバクテリアのエサとなり、腸内微生物相の健康と生物多様性をはぐくむからだ。また、**プロバイオティック**な発酵食品を食べることによって、生物多様性を高めることができる。

また、微生物パートナーからインスピレーションを得ることもできる。微生物の遺伝的柔軟性——遺伝子が核に閉じ込められていないこと、バクテリアやウイルスが遺伝情報を伝播させるさまざまな手段を持っていること——が、微生物の比類なき進化的可能性や、強力な適応能力と回復力の源泉だ。これまでに知られているどんな生態系にもバクテリアは適応能力を持ち、中には高温や低温、放射線、高圧など極限的な環境に耐える能力を持つため「極限環境微生物」と呼ばれているものさえある。またバクテリアは「クオラム・センシング（菌体密度感知機構）」と呼ばれる分散的な情報収集と通信のシステムを持っており、化学的なシグナルを伝達することによって環境中の密度を感知し、連携を図ることができる。バクテリアの存在するところにはどこでも、さらに多数のウイルス（ファージ）が存在し、バクテリアを攻撃して破壊しようと狙っている。そして菌類は、栄養素や水や化学的シグナルを分配する広大なネットワークを作り上げる。

目に見えない微生物の世界はこのようにリッチなものであり、私たちはそれについて知り始めたばかりだ。この世界について知れば知るほど、私たちの祖先からの微生物とのつながりを再認識せざるを得なくなる。バクテリアもウイルスも菌類も、どんな微生物も私たちの敵ではない。それらの存在しない状況は、純粋状態ではなく虚無であり、維持するためには非常な努力が必要とされる人工的な状態だ。稠密な構造を持つコミュニティーとして存在する微生物は汚染からはほど遠いものであり、私たちの腸や土壌の中で、そして地球上全体にわたって、平衡を保つ強力な原動力として保護と調整の役割を果たしている。

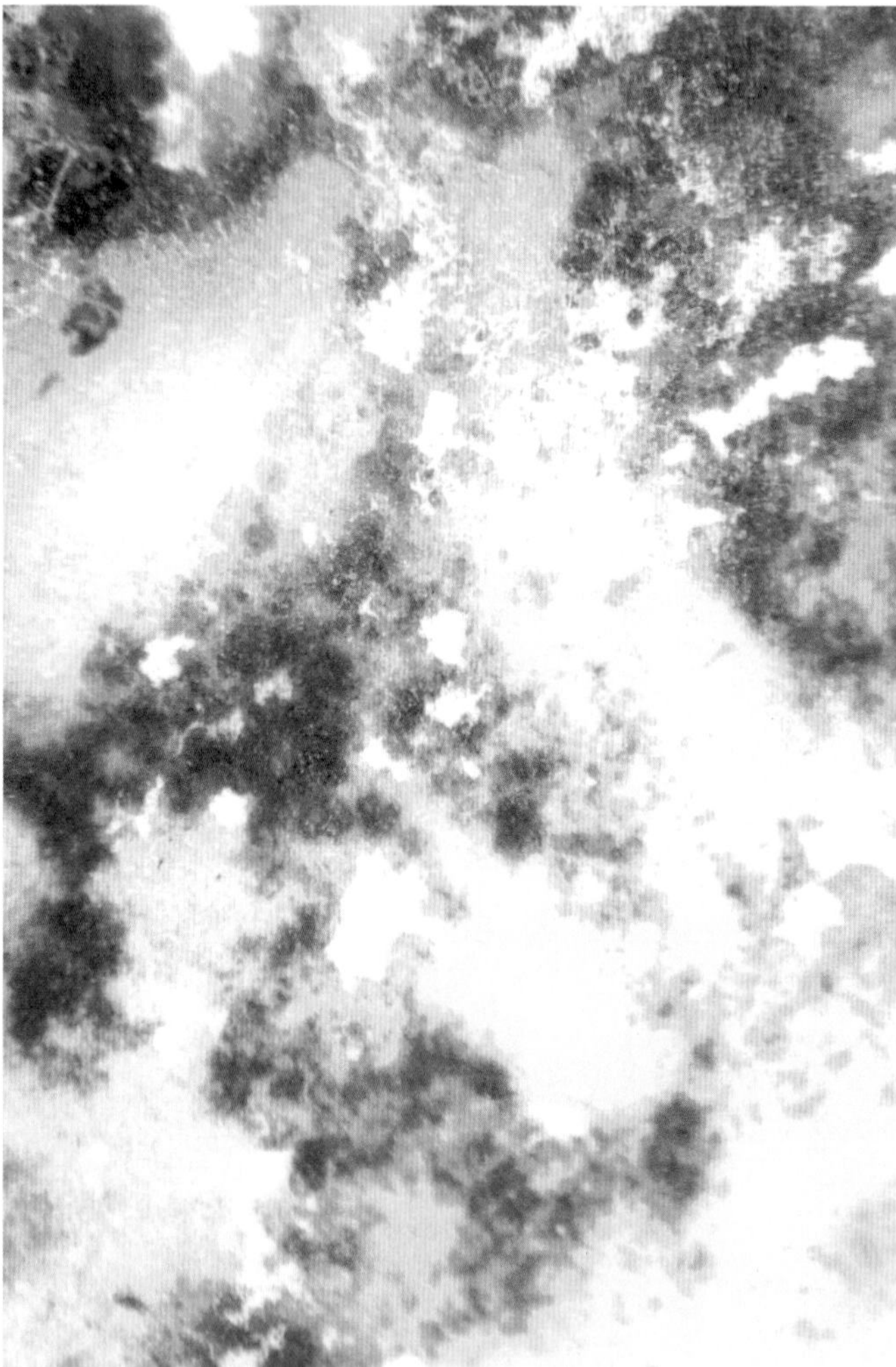

チーズの外皮、実体顕微鏡で撮影。

今後の人類の生存は、私たち自身が作り出した数多くの要因によって脅かされている。これには気候変動だけでなく、人類による消費活動の爆発的上昇、森林破壊の進行、資源の収奪、そして大量絶滅などが含まれる。同時に私たちは、白人至上主義や男性優位社会、経済的不平等の拡大、そして政治的暴力の激化などにも直面している。たとえ人類の生存が可能だとしても、変化への適応能力が大いに必要とされることだろう。バクテリアや菌類や、それらを含むより広範囲の微生物から構成される微生物コミュニティーは、それらが高い適応能力を持ち、絶え間なく変化していることを実証している。そして発酵は、私たちが協調した行動を取れるように変化について想像し、話し合うための強力なメタファーとなる。

純血の誤謬

「純血」という概念は、おそらく歴史上最も有害な純粋さの誤謬であり、人をモノ扱いする奴隷制度や現下の白人至上主義から、ナチス・ドイツのホロコーストなど世界中で絶えることのない民族虐殺に至るまで、人類の犯してきた数々の悪行がそれによって正当化されてきた。白さそのものは、人種の純粋さであれ、真っ白なシーツの清潔さであれ、精白小麦粉あるいは白砂糖であれ、純粋さの幻想を呼び起こす。それに対置されるのは、汚染を想起させる暗黒だ。純血ではない者の人間性は、虐殺や奴隷化、法の執行や脅迫、大量収監、警察による暴力、あるいは単純に陰険で日常的な制度的人種差別の力によって、否定されてしまう。

法律によって強制された人種隔離、人種間の婚姻を禁止する法律、白人と非白人との混血児は多くの場合非白人とみなされるという事実、白人女性の純潔を守るためと称する黒人男性へのリンチ――こういった白人至上主義の表出は、人種の純粋さを汚染から守るために必要なものとして正当化されてきた。人種や民族の純粋さという考えは、白人至上主義者だけでなく、時には異なる人種的・民族的出自の人々によっても擁護されてきた。

この領域においても、純粋さは完全な幻想だ。私たちひとりひとりが、数えきれないほどの世代を経た遺伝子混交のユニークなアマルガムなのだから。私たち人類はみなアフリカに源を発し、時間とともに遺伝的多様性を増大させつつ、常に混交を繰り返してきた。遺伝学者のアラン・テンプルトンは、こんなことを書いている。

「人種」は、系統を別にするものではなく……それは近年の混和のためではない。「人種」は現在も、そして過去も、決して「純粋」なものではなかった。そうではなく、昔から現在に至るまでの人類の進化の特徴は、いついかなる時にも局所的に分化した人口集団が数多く共存してきたこと、しかし人類をひとつの進化論的な運命共同体とするのに十分な遺伝的接触が行なわれてきたことである。［原注7］

遺伝子検査が広く行われるようになって、驚くような結果が判明することも多くなった。人種や民族の一体感がどんなに強くても、先祖はみんなバラバラだ。純粋さが一般に達成不可能なものだとすれば、遺伝的な純粋さは全くの幻想となる。遺伝的

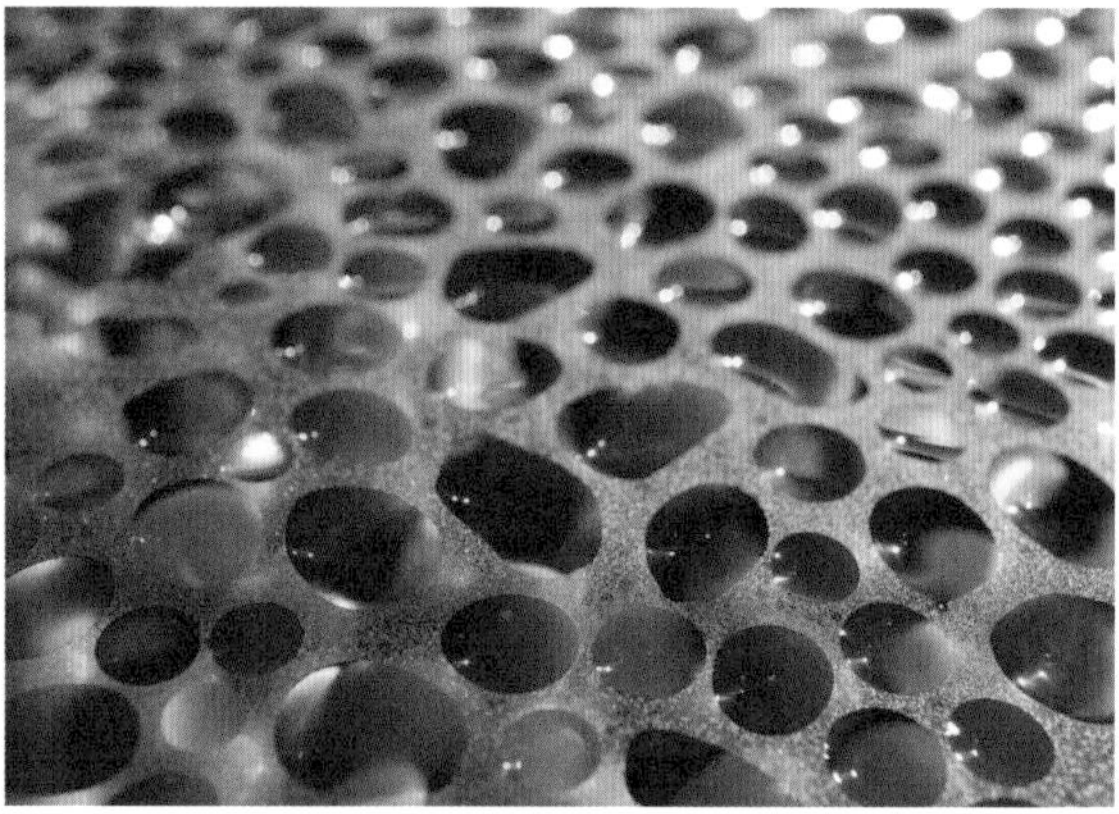

鍋で大豆を煮ているところ。

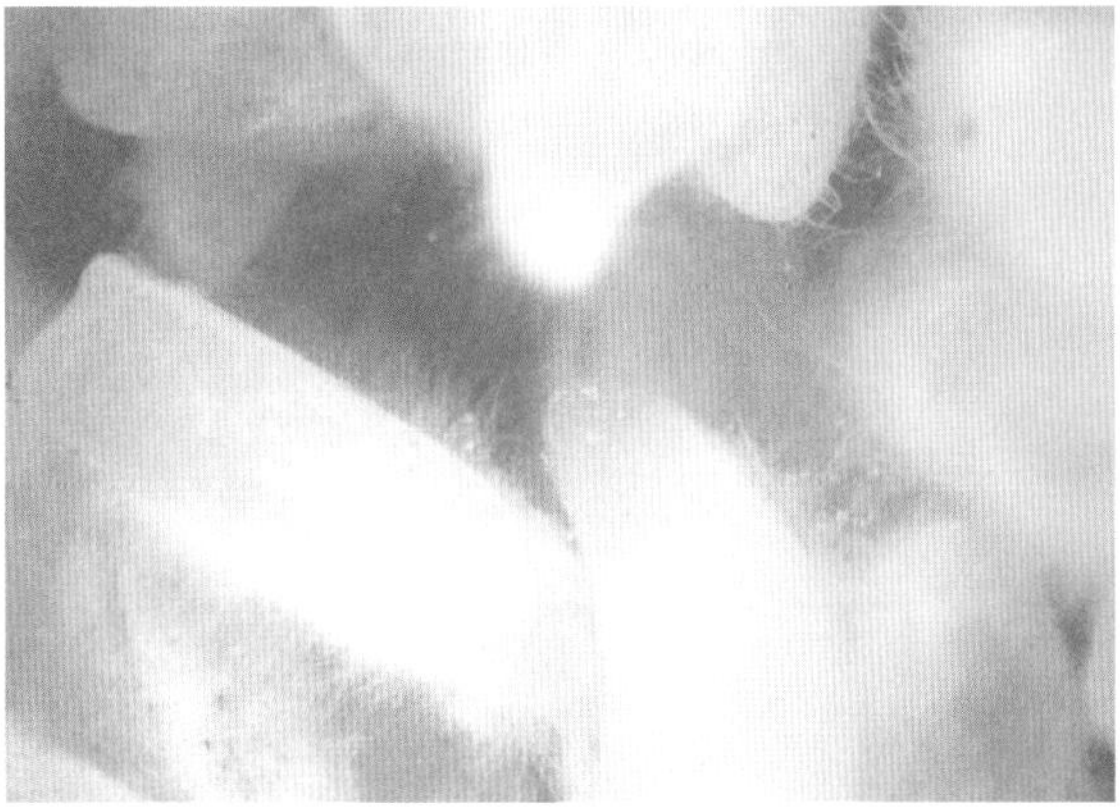

米麹、実体顕微鏡で撮影。

混交こそが、有性生殖によって得られる特別な利点だからだ。

多くの場合、人種や民族の純粋さを理想に掲げる人たちは、実際には人種や民族の延長線上にある、ある種の文化的な純粋さを求めているのだと思う。しかし、いったい文化は純粋なものであり得るのだろうか？　文化は決して定まることなく、常に発展し続ける。いかなる意味でも、文化的アイデンティティーを私は否定しようとは思わない。文化的アイデンティティーは強力なものだ。文化は、私たちを過去と結び付け、似通った人たちと結び付け、役立つ情報や重要な物語などとも結び付けてくれる。どこへ行っても私たちの間にはさまざまな種類の文化的ニッチやサブカルチャー的ニッチが存在し、そこで人々は何らかの文化的アイデンティティーを共有する他者とのコミュニティーを見いだす。特定のサブカルチャーのバブルに避難する人もいる。多くの人は複数の文化やサブカルチャーとの結びつきを感じ、無数のユニークな形で顕現するアイデンティティーを横断している。どこにも自分にぴったりの場所はないと感じている人も、非常に多い。

多くの古代から続く文化的伝統が、自発的なものであれ強制されたものであれ、同化や集団移住、そして虐殺によって完全に失われてしまった。その他の生き永らえた文化的伝統の多くも生存の危機にさらされており、そのことが発酵復興主義者としての私の活動に大きなモチベーションとなっている。発酵の技術は、重要な文化的情報だ。発酵は単一の知識体系ではない。それどころか広範囲の非常に多様な実践から構成されたものであり、いたるところで食の伝統の一部であり、さまざまな場所でその土地特有の表現としてさまざまな進化を遂げてきた。この文化的独自性は認識され、称賛され、価値を与えられ、そして何よりも利用され分かち合われなくてはならないものだ。利用されなくなってしまえば、その知識は簡単に失われてしまう。

私の文化横断的な発酵の探求を通してはっきりと見えてきたのは、文化的実践の広がりと変化、そしてさまざまな解釈が、いかに幅広いものであるかということだ。このことは、農作物の栽培や動物の家畜化、言語、宗教、音楽、芸術、文学、技術、経済的あるいは科学的概念など、さまざまな文化領域の広がりについて私が本から得た知識とも符合する。バブルに閉じこもって暮らすのもいいが、どんな文化的バブルも純粋なものではない。それはさまざまな影響のアマルガムであり、さまざまな影響はいつまでも続く。そしてバブルがいつかは必ず破裂するものだということは、心に留めておいてほしい。

完璧な防御境界という幻想

純血の誤謬と密接に関連するのが、完璧な防御境界という幻想だ。政治的国境は、人為的・恣意的・強制的なものだ。多くの国境地域の住民は、国境線をまたいだ生活をする中で、家族や仕事に関して、またその他の社会的・文化的・経済的な面で、国境が穴だらけであることを毎日のように経験している。国境地域の住民の中には、自分の住む場所が別の国になってしまう経験をした人もいる。それでも人は生き続けなくてはならない。横暴なやり方で強制された国境は、分断された生態系や文化に、そして引き離された親族や家族に、深い傷跡を刻み込む。

ザワークラウト、走査型電子顕微鏡で撮影。

「壁の建設」といったスローガンや政策は、国境を絶対的なものとし、領域や人々を明確に分離しようとする無益な試みだ。しかし実際には、国境はグレーゾーンなのであり、生態系の境目では常に生物多様性が特に豊富――例えば水辺や、森林と野原の交わるところ――であるのと同様に、国境でも国のアイデンティティーや文化、経済、そして言語が常に混じりあい、影響を与え合っている。国境を挟んだ一方の側に、反対側とは異なる純粋なアイデンティティーが体現されているという考えは幻想にすぎない。国境を絶対的な制御下に置くことによって汚染から保護された純粋状態が実現でき、それによって安全が保てると思い込んでいる人もいるかもしれないが、現実はもっと複雑なものだ。

清浄な食品

純粋という概念は、食の領域にも当てはまる。他人の食生活に関して、頭ごなしに批判的な態度をとる人がいる。私は、それ以外の点では思慮深く思いやりのある人々が、肥満体の人たちに対してあからさまに嫌悪感を示し、自制心や自尊心に欠けていると決めつけるのを幾度となく見てきた。私自身、菜食主義者から肉食を非難されているように感じることがある。そして、それよりもはるかに頻繁に目にするのは、菜食主義者やヴィーガン〔厳格な菜食主義者〕をあざけったり、無視したり、軽蔑したりする攻撃的な肉食人たちだ。

自分が食べたい食品を「清浄な」ものとみなし、逆に食べないようにしている食品を「不浄な」ものとみなす人もいる。グルテンフリー食品や乳製品不使用食品、あるいはヴィーガン、パレオ〔原始時代食〕、ローフード〔火を通さない食品〕、コーシャ〔ユダヤ教の戒律に従って適切に処理された食品〕、ハラール〔イスラム教の戒律に従って適切に処理された食品〕など、良いとみなされる食の基準にかなう食品は、清浄だというわけだ。グルテンや乳製品、動物性食品、穀物、加熱調理した食品、コーシャでない食品、ハラールでない食品は、不浄ということになる。

発酵食品および飲料という、あらゆる地域の食の伝統の一部であり、ほとんどどん

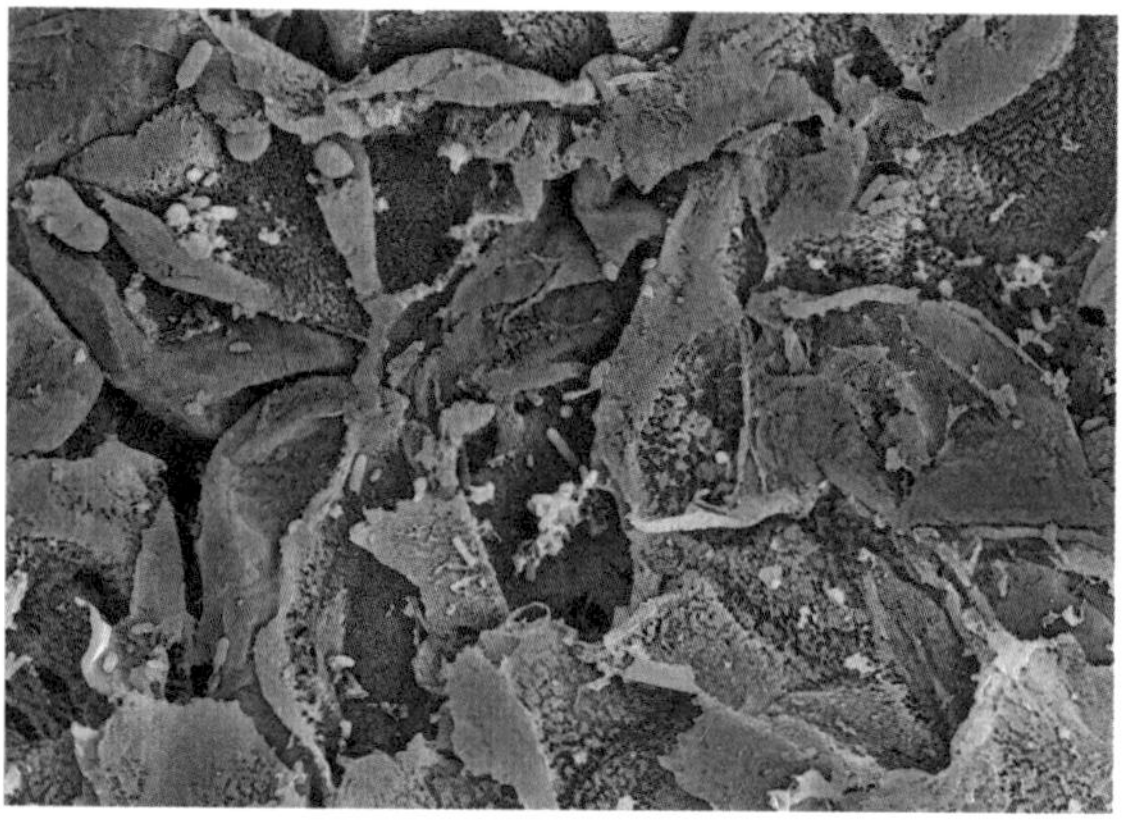

キムチ、走査型電子顕微鏡で撮影。

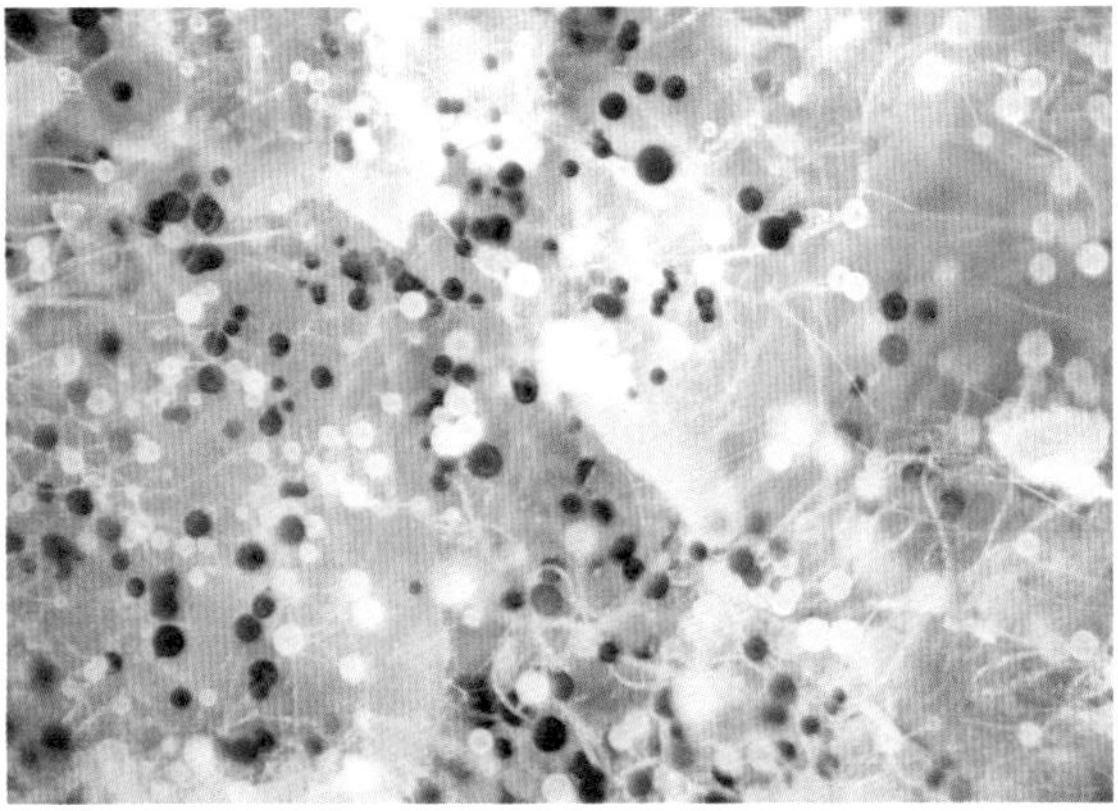

カビの生えたパン、実体顕微鏡で撮影。

な食のイデオロギーにも取り込まれ得る食物について本を書いていると、おもしろいことに出くわすことがある。自分と同じ食のイデオロギーを著者である私も信奉していると思われることが多いのだ。ローフードしか食べない人々が、私も同類だと思い込んでいたことがある。ヴィーガンの人々は私もヴィーガンだと思い込み、パレオ食を実践する人々は私もパレオだと思い込む。また、私がユダヤ人であることを知っている非ユダヤ人が、私のことをコーシャだと思い込んでいたという経験もある。

実際には、ほとんどどんな食べものでも私は喜んで食べるし、特定の食のイデオロギーを支持しているわけでもない。ただ、なるべくホールフーズ（自然の産物または農産物であって、精製や抽出などの加工をされていないもの）を選ぶようにしているし、多様な変容プロセス（調理、干物づくり、製粉、浸漬、もやしづくり、そして発酵など）全般について、さまざまな文化的伝統の人々が未加工の自然の産物や農産物から私たちが喜んで飲食するごちそうを作り出す方法について、学ぼうと常に心掛けてはいる。私は肉や卵、チーズ、穀物、豆類、あるいは発酵食品などを食べるときには、できるだけそれと一緒に新鮮な野菜をたくさん食べるようにしている。ファーストフードのチェーン店は避けるが、ふだん出されたものは何でも食べるし、仲間が行きたいといえばどこへでも外食しに行く。私は流れに身を任せるのが好きだし、私たちが文化を共有したり交流したりする上で食べものは重要な役割を担っているからだ。

かつて私は数年間にわたって、マクロビオティック食を非常に厳しく解釈して、全粒穀物を主食とし、副食に豆類と蒸し野菜、脂肪はほとんど、乳製品や卵はまったく食べず、ごくたまに魚を食べていたことがある。その間の大部分の時期は砂糖や加糖された食品を完全に避けていた。体重は大きく減ったし、気分も本当に良くなったので、その食事法を続けることにした。最大の難点は、食事が個人的で特殊なものとなり、社交的な役割を失ってしまったことだ。私の家族や友人は私のためにどんな料理を作ってよいのかわからず、そのため多くの人は食事に私を呼んでくれなくなってしまった。外食するときにはなるべく融通を利かせてくれるレストランを選び、いつも質素な料理を注文するようにしていた。次第に私は制限を緩めて行き、結局は制限なしに何でも食べたいものを食べるようになった。

最終的に私は、その食事法の教義のいくつかを疑うようになった。マクロビオティックは、20世紀末に支配的だった脂肪を悪者扱いにする風潮とうまく適合していた。その後の私は、脂肪が風味の構成要素として欠かせないものであり、それ自体が必須栄養素であるだけでなく、脂肪にのみ可溶な他の栄養素の媒体としても重要だと考えるようになっている。また刺激物のない食生活は修道士の瞑想的な生活にはぴったりかもしれないが、スパイスやアルコール、コーヒー、お茶、チョコレート、砂糖などは、たとえ過剰摂取や乱用のおそれがあるとしても、多くの人と同じく私にとっても大きな喜びの源だ。とはいえ、私はマクロビオティックにも大きな効能を認めている。非常にゆっくりと食物を食べ、一口ごとに完全にかみ砕いてから飲み込むという教えは、その最たるものだ。

私がマクロビオティックにのめり込んでいたころ、ニューヨークのマクロビオティックセンターで開催されたイベントへ行き、マクロビオティック食で子どもを育てている家族と会って、砂糖漬けにならずに育てられたとはなんて幸運な子どもたちなんだろう、と思ったことを覚えている。彼らのような純粋さは、私の家族や私たちが置かれた文化状況から中毒性のある砂糖や加工食品を与えられて育った私には望む

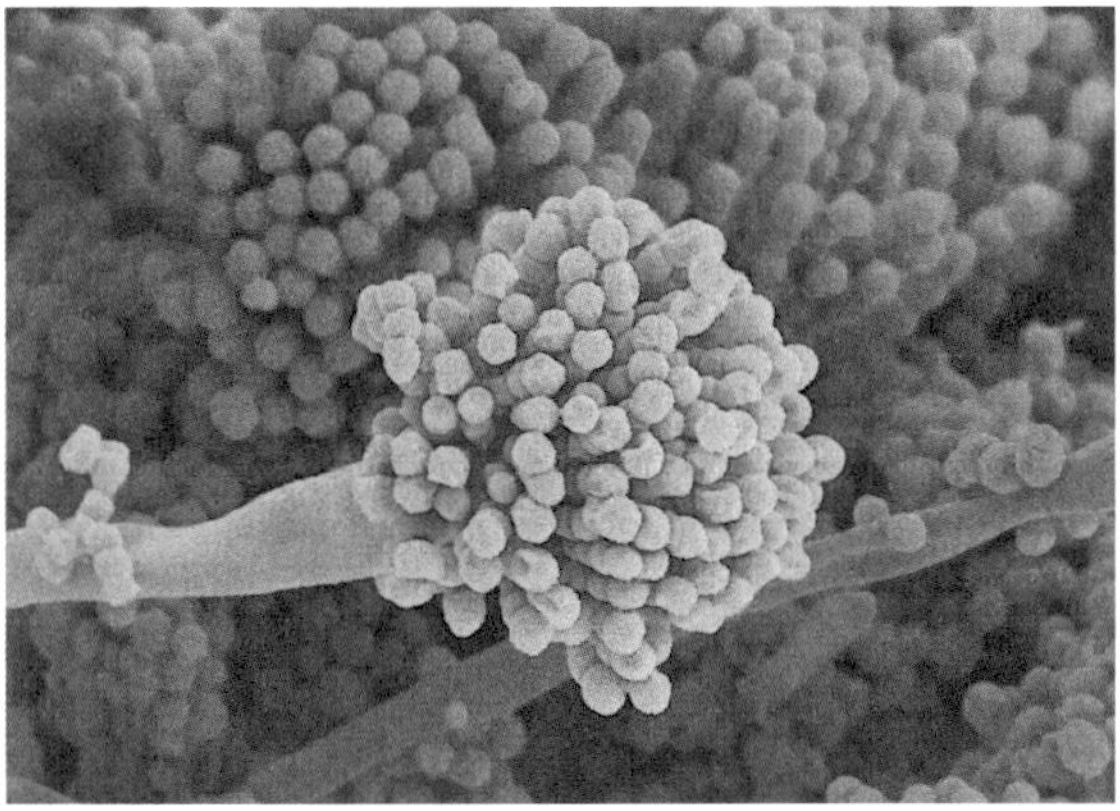

大麦麹、走査型電子顕微鏡で撮影。

べくもないものだった。振り返ってみると、私がその状況をバブルの中から見ていたことは間違いないように思われる。実際にはその子どもたちも私と同じ文化状況に置かれ、子どもたちを標的とした狡猾なマーケティングにさらされていたのだ（彼らほど手厚く守られていない他者を介したものだったとしても）。その子どもたちにも祖父母やいとこはいただろうし、学校に行ったりテレビを見たりすることもあっただろう。彼らの一挙手一投足を両親がコントロールしていたわけではないし、いつかはクッキーやキャンディー、アイスクリームを食べる機会も得たはずだ。もしかするとそういった隠れた行動が、罪の意識を伴いながら、日常化していたかもしれない。どれほど手厚く守られた子どもであっても、砂糖と同じく普遍的な存在である汚染からは逃れられない（微生物の場合と同じことだ）。

当時の私にとって清浄とは、精製された穀物や砂糖を含まない食品を意味していたと言えるだろう。私と同居していた菜食主義者にとって清浄とは、植物由来の食品と、肉によって汚されたことのない鋳鉄製の鍋とまな板を意味していたのかもしれない。農薬が環境や人間の健康に与える影響を考えている人にとって、清浄な食品とみなせるのは殺虫剤や除草剤や殺菌剤や肥料に由来するグリホサートなどの残留化学物質を含まないものなのかもしれない。清浄な食品とは、保存料を含まないもの、あるいは有機認証を取得したもの、遺伝子組み換え食品を含まないもの、牧草で育ったものと考える人もいるだろう。地産地消運動の活動家は、清浄な食品とはある一定の距離以内で生産されたものであり、遠くから輸送された食品は輸送に必要なカーボンフットプリントによって汚染された不浄なものとみなすのかもしれない。労働運動の活動家にとっては、労働に価値を認め労働者に公平な扱いと補償を行う生産者によって生産・加工された食品が清浄なのかもしれない。食品に関しては、「清浄」という言葉は多様な意味を持ち得る。

私は時々ゴミ箱あさりをする。実は私にとって、良質の食品を生産者から直接、あるいは一段階か二段階の流通過程を経て、購入することほど幸せなことはない。しかし私は、まったく問題なく食べられるフルーツや野菜、チーズなどが無駄の多い食品流通システムの中で無造作に廃棄されているのを見ると、その廃棄された資源を救済し、利用し、シェアしたくなってしまう。私はかなりえり好みをする部類のゴミ箱あさりだが、あまりそうではないフリーガン［廃棄食品を食べる人］の友人もいるし、ほとんどゴミ箱などから無料で手に入れた食品だけを食べている猛者もいる。時にはゴミ箱から入手した食品が、勇敢なフリーガン精神を持ち合わせていない私たちの共同体の一部から怒りを買い、ゴミ箱から回収した食品はそれがわかるようにラベルを付けておくように要求されることもある。彼らにとって、清浄な食品とは新たに生産されたものであり、廃棄物として処理されるところを救い出されたものではないのかもしれない。

清浄という言葉は食品に関してこれほどまでに多くの異なる意味を持ち得るが、食品は決して清浄なものではない。食品は決して純粋なものではないからだ。食品とは、要するに他の生命体を摂取することだ。意図しない、より小さな生命体が存在することも避けられない。大部分の生物と同じく、私たち人類は貪欲な食欲によって生き永らえている。その食欲を満たすことは、かつて植物や動物、菌類、そしてバクテリアだったものからリサイクルした栄養素によって私たちが養われているという根本において、残忍な行為なのだ。そこには「清浄」なものなど存在しない。

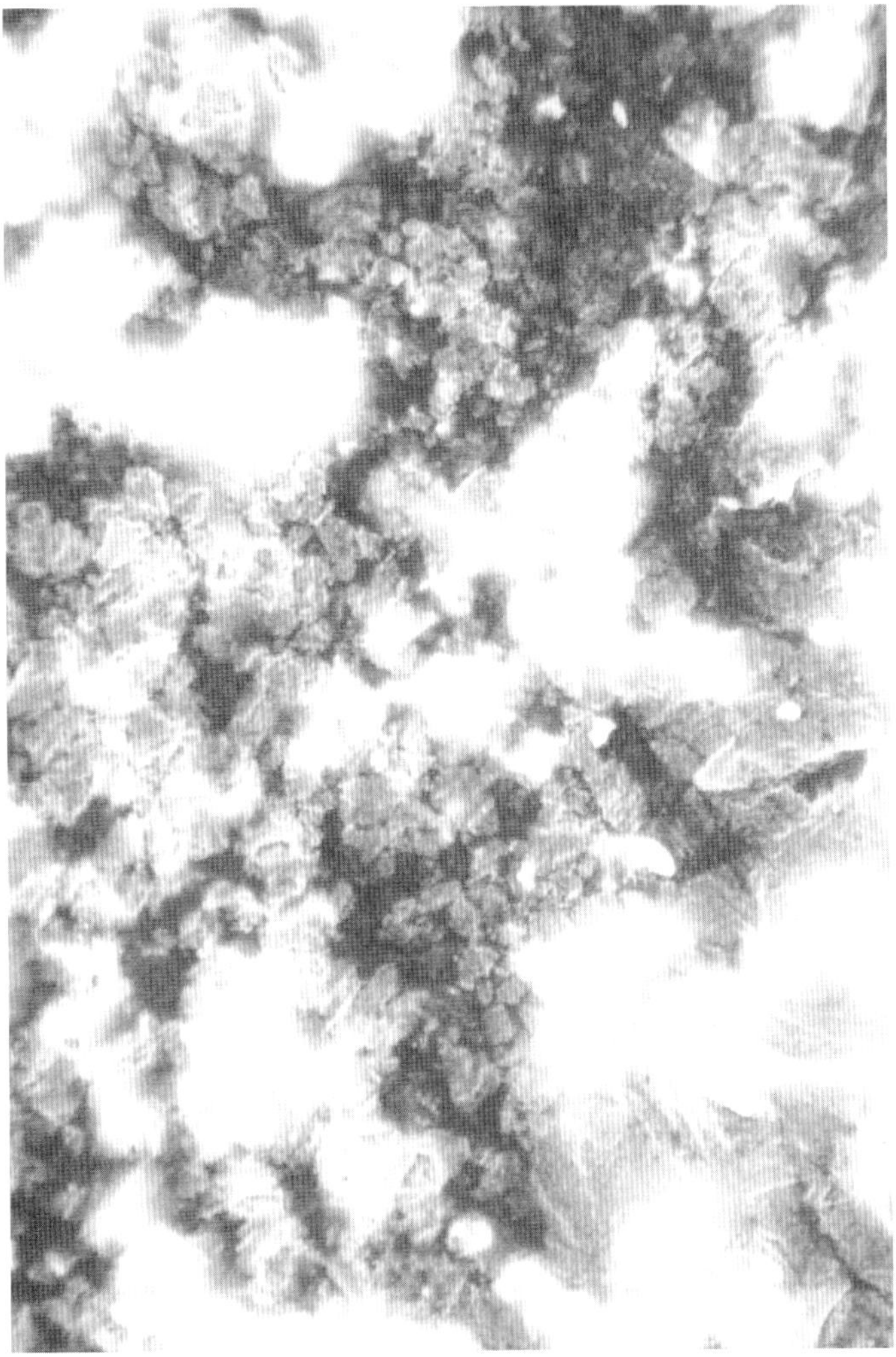

産膜酵母、実体顕微鏡で撮影。

食品を恣意的に清浄なものと不浄なものに分類すると、食品という多元的な連続体を単純化しすぎることになる。そういった二項対立的な考え方こそが不浄なのだ。食品にはグレーゾーンや複雑性がつきものなのだから。食品に関しては（他のどんなものにも言えることだが）、知識は力だ。清浄と不浄という区分よりも、はるかに奥深く重要な量的区分はたくさんある。人が「清浄な」食品として意味するものを正確に知ることは不可能だし、たいていは数多くの仮定がなされているのだと思う。

子どもの純粋さ

さらに私たちは、子どもの無邪気さと経験不足を表現するために、純粋の概念を子どもに当てはめることもある。私の旧友の姉は、例えば病気や死などの怖い「ネガティブな」話題を、自分の子どもの近くで口にしないよう家族や友人たちに命じていた。そのような出来事は人生の本質であり、家族の問題だ。確かに、小さな子どもに空虚な議論や残酷な現実を細かく説明することは一般的には必要ないし、ふさわしいことでもない。しかし病気や死といった悲しい出来事は、またとない学びの機会ともなる。子どもたちを世間から隔離するのではなく、世の中をうまく渡って行ける知恵を授けることこそが、私たちの責務であるはずだ。人生の最も基本的な現実さえもトラウマとなるほど子どもは純粋で無垢だと思い込むのは、非現実的な理想を子どもに投影し、誰にとっても必要な体験教育の機会を奪うことだ。

また子どもは性的な関心に汚されていないという意味で、純粋であるとみなされることも多い。親たちが恐怖の叫び声をあげ、裸体を見させないように小さな子どもの目を覆う光景を見かけたことがある。まるで大人の裸を見ると無垢な子どもが汚染されるのだと言わんばかりに。裸それ自体は性的なものではなく、私たちの最も自然に近い姿なのに、それを性的なものと混同する人もいるのだ。この例では、純粋さの投影が無知を強制する結果を招いている。

幼く、性的に未熟な人間は性的な感情を持たないと考えることは、私には事実を否認しているように感じられる。彼らを純粋だと思い込むのは希望的観測だ。赤ちゃん

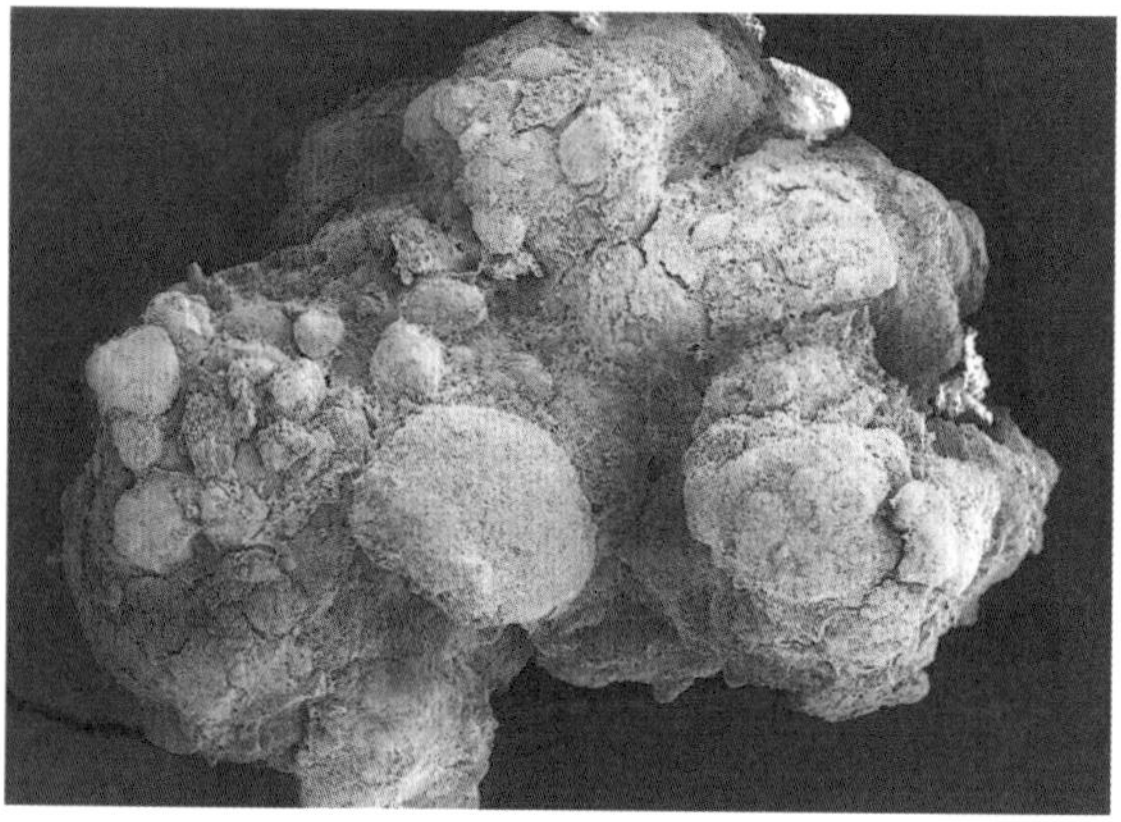

ケフィアグレイン、走査型電子顕微鏡で撮影。

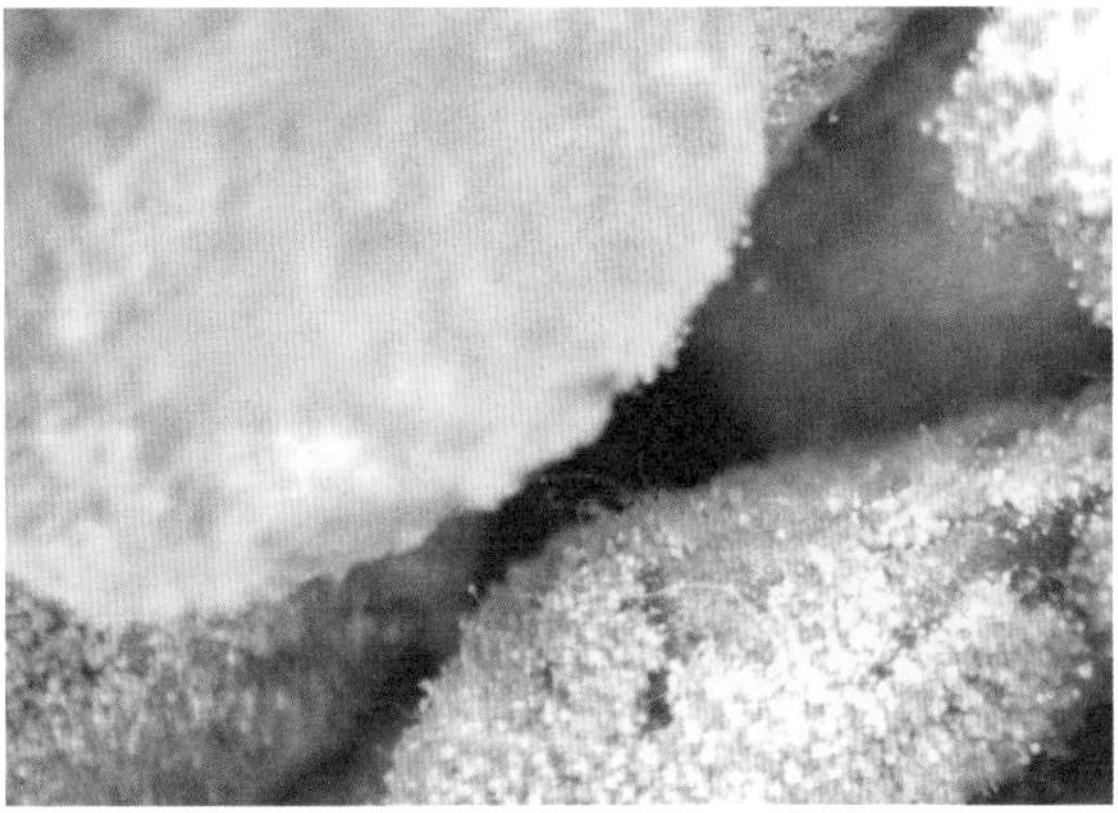

大麦麹、実体顕微鏡で撮影。

は世界を、そして自分の身体を最初に探検し、たくさんのことを発見し学んで行く。しかし、そういった欲求のおもむくままに自分の身体を探検すれば必然的に性的な快感を見つけ出すことになるため、私たちの社会では性器を触ったり刺激したりすることを親が禁じるのが通例であり、私の両親や多くの親たちがそうしてきたように、幼い本能による探検は抑圧されてしまう。小さな子どもに純粋さを強要することは、自然な好奇心を抑えつけ、発達を阻害し、性的な快感と恥との間にゆがんだ関連付けを作り出す。子どもには性的関心について教育しようではないか。その存在を否定するのではなく。

どうかこれを、子どもがセックスをすること——特に大人と（そのような大人はペドファイル［小児性愛者］と呼ばれる）——を容認するものだとは受け取らないでほしい。私はただ、子どもが自分自身の身体を探検する権利を擁護しているだけだ。大人と子どもとの間の性交渉は、発達や知識、体格、そして力関係の面で格差がありすぎるため、本質的に不適切なものだ。より大きく言えば、性的な発達は全人的な身体的・心理的発達の一面であるというのが私の論点だ。私たちは年少者に純粋さを投影し強制するとき、彼らが自分自身のこの重要な一面を発達させるチャンスを奪っていることになる。本来、それはとても自然なことなのに。また、彼らが抱く感情や衝動と社会的規範との間に、内的な葛藤を将来引き起こすことにもなる。

性的な純粋さの対義語は汚染だが、英語のこの言葉がラテン語で「汚す」を意味するcontaminareに由来することを思い出してほしい。一神教では、そのような言葉は婚前交渉を持った女性に対して使われるが、普通は男性に対しては使われない。若い男性は好色であったり性体験を追い求めたりすることが期待される一方、若い女性はその逆が期待され、もしそのようなことをすると、辱められ、仲間外れにされ、「ふしだら女」や「あばずれ」といった汚名を着せられ、肉体的にも精神的にも虐待され、殺されてしまうことさえある。

無垢な子どもの性的な汚染を恐れる気持ちは、LGBTQ+［レズビアン、ゲイ、バイセクシャル、トランスジェンダーなど、多様な性的マイノリティー］の人々の法的な除外を正当化するためにしばしば使われてきた。同性愛やトランスジェンダーへの嫌悪を煽り立てるキャンペーンによって、LGBTQ+の人々は子どもを誘い出したり、子どもにいたずらをしたり、悪影響を与えるという印象操作が試みられている。そのような理由に基づいて、LGBTQ+の人々を学校教師や児童養護の職員や里親から除外したり、トランスジェンダーの人々が公衆トイレを使うことを禁止したりすることが正当化されてきたのだ。

＊＊＊

私がこのセクションの構想を練っていたとき、たまたま「少女たちの純潔（The Purity of Little Girls)」という福音派のキリスト教の小冊子を見つけた。その中で、ある若いシングルマザーが自分の過去をこう物語っていた。「私がひどく堕落した子どもだったわけではありません。そうではなかったのですが、他の子たちと同じく生命の神秘に興味津々だったのは確かですし、自由に遊べたので……私たち子どもには、両親が夢にも思わないような、いろいろなことを言ったりしたりする十分な機会があったのです。」[原注8]この小冊子の教えは、思春期の若い女性だけでなく、もっと年下の少女たちも厳重に監督し道徳的に指導する必要がある、というものだ。しかしそれを説明する中で、この福音派の小冊子も「生命の神秘に興味津々」の普遍性を認めている。この事実に基づけば、私はそれとは正反対に「この興味も、他の興味と同

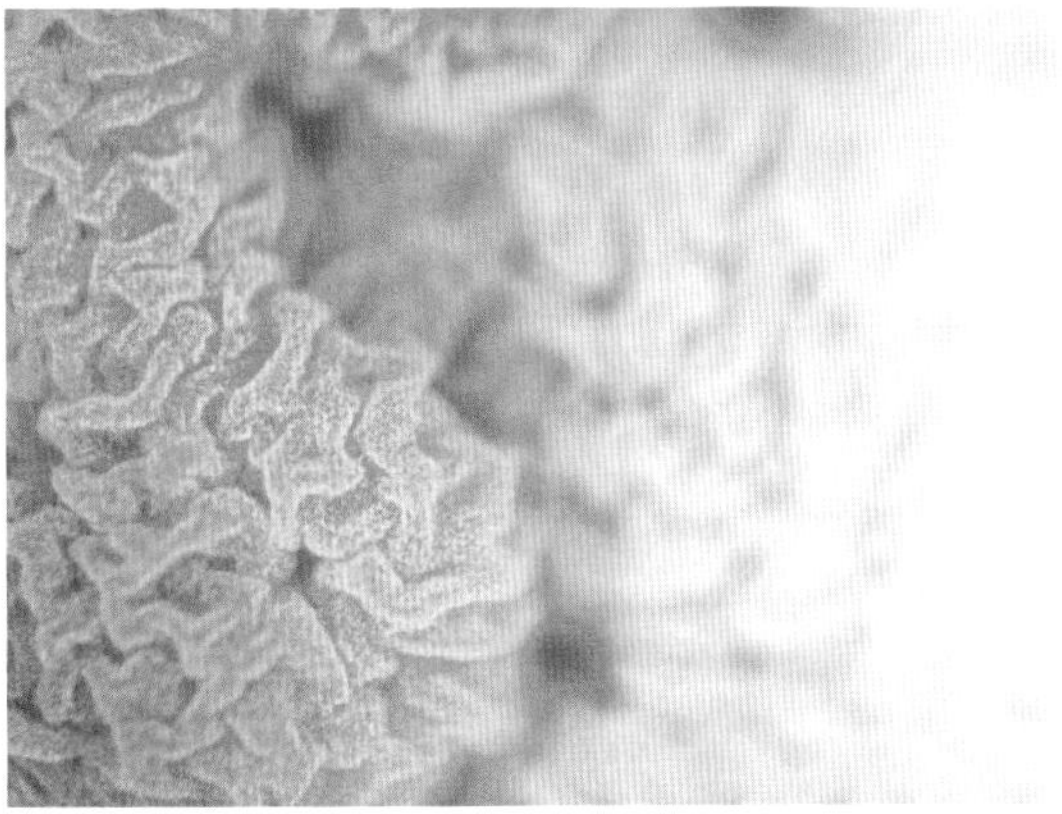

チリソースに発生した産膜酵母、実体顕微鏡で撮影。

様、是認され涵養されるべきであり、若者の探検を妨げてはならない」という結論に至る。

若者が自分の身体を理解し、自分自身の問題に自信をもって賢明な判断が下せるように、若者には性について教えなくてはならない。性的な関心は、私たちを興奮させ、期待させ、あらゆる種類の感情に沸き立つ思いをさせてくれるという意味で、人生経験の発酵作用のひとつだと言える。発酵と同じく、性的な関心も消し去ることはできない。どんな手段によって抑圧されてもしぶとく残る、生命の原動力なのだ。

体臭

セックスと密接に関係しているのが体臭だ。少なくとも私にとって、匂いは性的魅力の経験の重要な部分を占めている。私以外にも、そのような人は多いだろう。あるお見合いパーティーで、参加者に新品のTシャツを渡して数日寝巻として使ってもらい、会場ではそのTシャツを番号付きの袋に入れ、互いに匂いが気に入った参加者どうしを引き合わせる、という実験が行われたそうだ。私にとって、誰かに性的な魅力を感じるために匂いは(それだけでは十分ではないにしても)絶対に必要なものであり、誰かの匂いが気に入らなければその人への性的魅力は長続きしない。

たいてい私にとって体臭は気にならないものであり、それを覆い隠すために人々がまとう香りのほうがよほど不快に感じられる場合がほとんどだ。私たちの文化では、頻繁にシャワーを浴びることが通例であるにも関わらず、体臭を覆い隠すためデオドラントや香水、コロン、芳香剤、香料入りの石けんや洗剤など、香りの付いた製品の購入が促される。文化的な生活を送るにはこれらの消費財が不可欠である、と私たちは資本主義によって信じ込まされているのだ。たっぷり香りを身にまとえば、自分の匂いを覆い隠し、脱臭された純粋状態が一時的に実現する。

私は毛深く、汗をよくかく人間だ。私には匂いがあるが、それは悪いことではない。母親はそうは思わなかったらしく、私がティーンエージャーのときから成人したころまで、しきりにデオドラントを使わせようとしていた。私の体臭を母親がしつこ

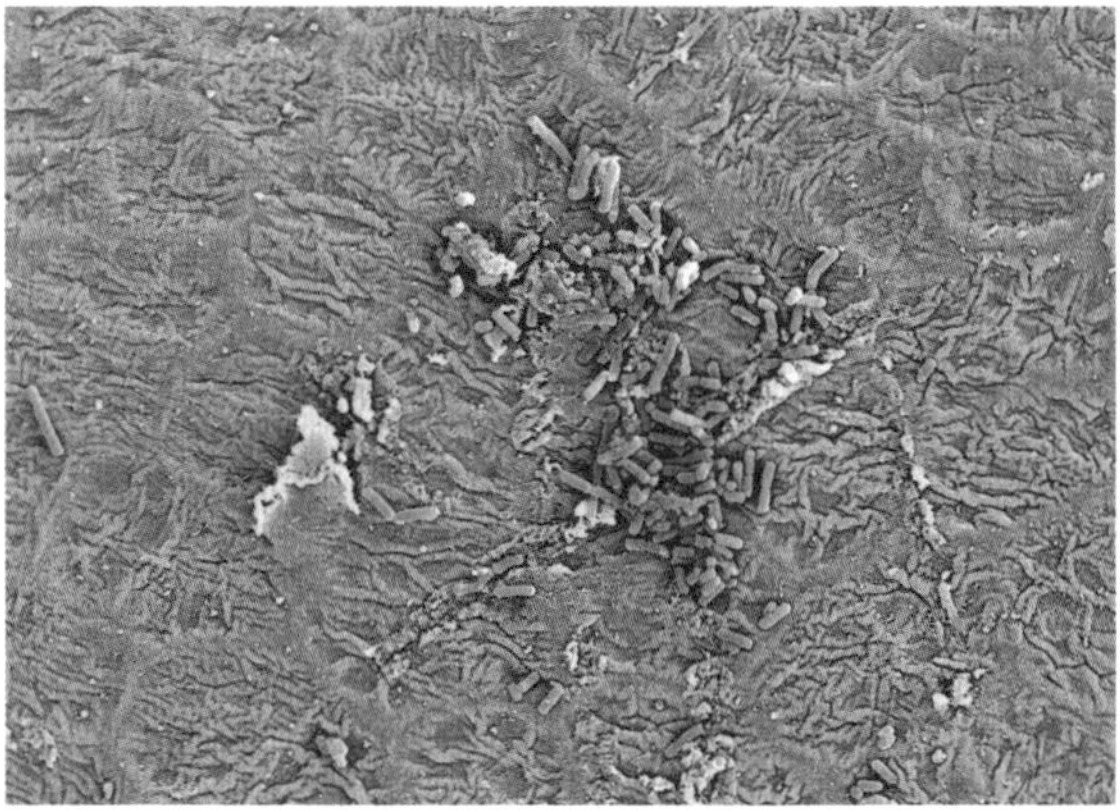

納豆、走査型電子顕微鏡で撮影。

ドーサ［クレープに似たインドのケーキ］生地、
走査型電子顕微鏡で撮影。

く気にすることが、とても私のためになっていると信じていたのだ。「お母さんが言わなければ、誰も言ってくれないわよ」と、彼女はよく私に注意したものだった。しかし私は自分のありのままの体臭が好きだったし、たいていは体臭を感じる前に体を洗うようにしていた。その上、私はこれまで試したどんなデオドラントの匂いも肌触りも嫌でたまらないのだ。私は大人になってからデオドラントを使ったことはないし、そのことで母親以外から文句を言われたこともない（母親は数十年前に亡くなった）。もしかすると誰かが私の匂いが気になることがあっても、礼儀をわきまえていて何も言わなかったのかもしれない。それはわからない。私の旧友は、長年ドイツに住んでいたのだが、あるときベルリンの地下鉄の中で「ニンニク臭い息をして電車に乗るなんて、はしたないことですよ」と老婦人から声を掛けられたことがあったそうだ。匂いの中には、とても人の迷惑になるものがあるらしい！　しかし、だからと言って、個人の責任で自分の体臭を覆い隠す必要があるものだろうか？

最近になって私は、自分がとても匂いに敏感であることを認識するようになった。私は香料入りの洗剤やきつい匂い、空港やデパートの香水の匂いがプンプンする場所などが嫌でたまらない。中でも嫌いなのは、匂いがなくて当然のもの、例えばゴミ袋などに香りを付けた製品だ。匂いは、とても大切で役に立つ感覚だ。なぜ私たちは、これほど一生懸命になって周囲の匂いを変えようとするのだろうか？　私たちに匂いがあること、嗅覚によって私たちの身体の肉体性に気づかされることが、それほど耐え難いのだろうか？　私たちが生物学的に機能しているという証拠が、私たちの繊細な感受性には動物的すぎるのだろうか？

＊＊＊

体臭と同様に、その元となる汗、排泄物、腸内ガスなど、私たちの肉体的存在に伴う必然的な副産物についても、私たちは集団的拒絶状態に陥っている。そういった粗野で不都合な現実を否定して、そんなものは存在しないという集団的幻想を維持したいのだ。しかし、たとえ不作法と思われようとも、ここで私は読者の注意を、多くの人が懸命に否定し隠蔽し覆い隠そうとする音や匂いに向けなくてはならない。

腸内ガスについて考えてみよう。多くの人にとって、他の人の前で放屁することは想像し得る最も恥ずかしい行為のひとつだ。人々は放屁と関係ありそうな食べものを

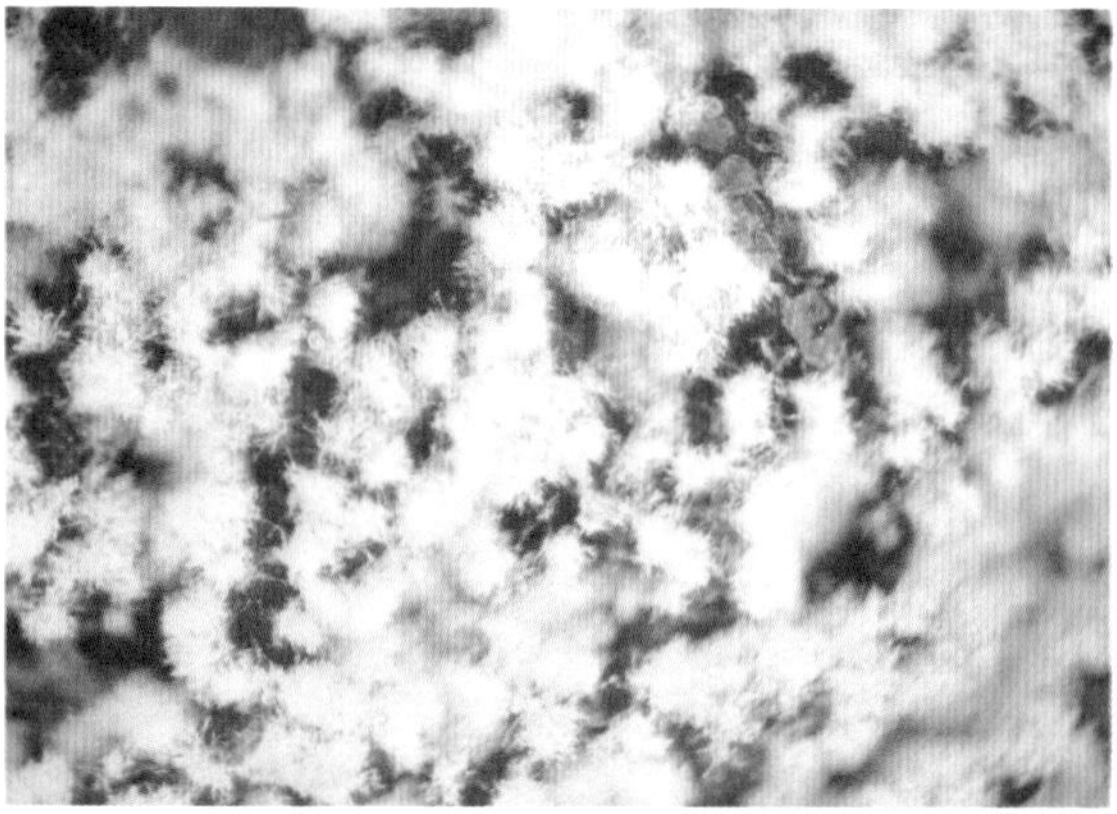

カビの生えたタンジェリンの皮、実体顕微鏡で撮影。

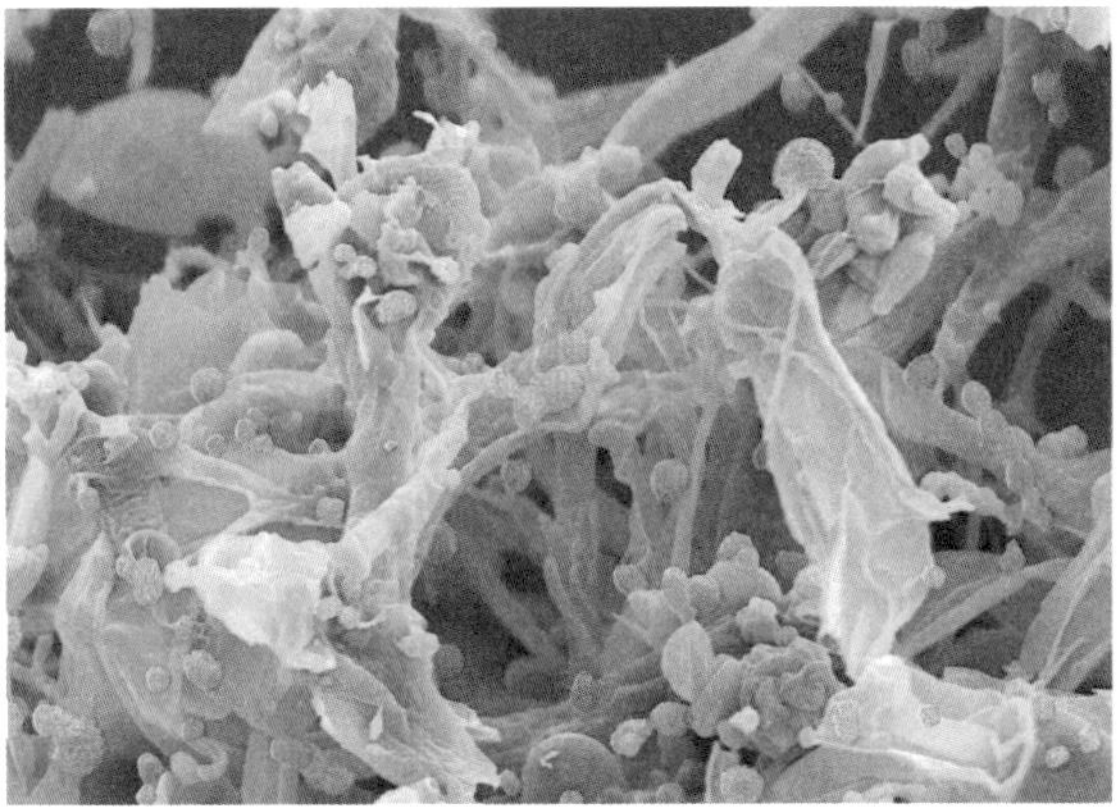

インドネシアで筆者に贈られた、waru（和名オオハマボウ）の葉から作った
伝統的なテンペのスターター、走査型電子顕微鏡で撮影。

Copyright 2019 by MIMIC. 許可を得て使用。

避け、実際には正常な消化活動の一部である放屁を病的な現象と考えている。放屁とは、腸、特に大腸にいる微生物によって作り出された二酸化炭素などのガスが放出されることだ。

私たちの健康の維持に不可欠な、微生物相の生物多様性を支援し回復させることを望むならば、たとえ多少の放屁を招いても、大腸内の微生物を養う必要がある。ガスがたまることで知られる食品のほとんどは、プレバイオティクスと呼ばれる種類の食品であることがわかってきた。オリゴ糖や食物繊維が大腸内のバクテリアの栄養となるのは、それらを人体では完全に消化できないためなのだ。大腸内の微生物コミュニティーを繁栄させ生物多様性を高めるには、そういった食品を避けるのではなく、もっとたくさん食べる必要がある。食物繊維を豊富に含むプレバイオティック食品の摂取は、腸内の生物多様性を効果的に向上させる重要な要因であり、もしかするとプロバイオティックなバクテリアの摂取よりも重要かもしれない。放屁は病気や不具合の徴候ではない。健全な腸内微生物相が十分に養われ、発酵していれば必然的に生じる副産物なのだ。

反骨精神

メタファーとしての発酵は、それを生み出した本来の意味での発酵と同じく、抑えることのできない力だ。食品や飲料の製造に用いられる発酵が止められないのは、バクテリアや菌類がどこにでも存在するからであり、ある種の特定の条件（極端な乾燥や低温など）が保持されない限り、食品への微生物による変成作用は（良くも悪くも）避けられないからだ。そこにあるブドウはワインになるかもしれないし、山のようなカビに覆われてしまうかもしれない。そのキャベツはザワークラウトになるかもしれないし、腐ってドロドロになってしまうかもしれない。環境条件を操作して特定の微生物の成長を促進する一方で、それと並行して他の微生物の成長を抑制することにより、このように避けることのできない変成作用を誘導する実用的なテクニックを、あらゆる場所で賢い人々が編み出してきた。

世界中どこでも古くから伝わる文化の伝統では、発酵がその作り出す泡によって認識されてきた。知覚の観点からいうと、ほとんどの発酵プロセスは、泡を触わったり、見たり、聴いたりする体験を伴う。泡を待ち受け、最初に出現し、次第に激しさを増し、発酵の最盛期にはひっきりなしに音を立てて泡立ち、そして否応なしに衰えて行く様子を観察するのだ。その泡立ちは二酸化炭素の発生によるものであり、微生物の活動が盛んになるにつれて激しさを増し、それから次第に弱まって行く。泡立ちは動きを作り出し、発酵の変成作用を受ける基質を文字通り刺激して、活性化させる。また、私たち――発酵が生じる条件を整える人たち――に計画がうまく行っていることを示して、泡立ちは私たちをわくわくさせ、励ましてくれる。

メタファーとしての発酵もまた、わくわくさせるものだ。社会的・政治的な草の根運動や、芸術や文化の運動、宗教的運動や精神的運動は、すべて私たちを自分よりも大きなものと結びつけてくれる。私たち人間は、沸き立つ気分が大好きだ。それは精神を高揚させてくれる。何か違ったものを作り出そうとする広がりの大きな運動に参加することは、それだけでも楽しいものだ。時や場所を問わず、あらゆる文化的経験の領域で、揺らぎや興奮の共通感覚を説明できるメタファーとして発酵が広く用いら

大麦麹、走査型電子顕微鏡で撮影。

れていることには、そのような理由がある。

多種多様な文脈――現在でも、歴史的にも、そして架空の未来をディストピア的に想像したフィクションでも――で、権威主義的な体制やそれに類する硬直的な社会統制機構が抑圧しようとするのは、沸き立つ文化的表現だ（ヒットラー・ユーゲントなど、認可されたものに向けられる場合は例外かもしれない）。しかし、どれほど強力な社会統制も、社会全体に行き渡ることはない。純粋さと同様に、完全に統制された社会は現実的には達成不可能な状態だ。それが存在し得ない理由は、そこには（状況によっては無駄かもしれないが）必ず抵抗する人がいるからだ。それが反骨精神というものだ。最も優れた反骨精神は、筋の通った、目的と結びついたものだが、心の狭い、気難しい、あるいは個人を標的にしたものだったりすることもある。反骨精神は、時流に流されることを拒否するとき、否応なしに現れるものだ。

自分自身や他の人のため、あるいは自分の抱く理想のために立ち上がるのは、怖いことかもしれない。最も無難なやり方は、時流に流されることだ。しかしどんな状況でも、そうすることを拒否する人がいる。この反骨精神はさまざまな形で現れるが、発酵と同じく、決して消え去ることのない力だ。

他の多くの資質と同じく、反骨精神も育成できる。批判的な分析と行動を妨げるのではなく、促進すればよい。批判的思考は、発酵の一形態だ。私たちに提示されたアイディアや情報、あるいは物語がその基質となる。それに対する私たちの問いかけは、思考によって無言で行われたとしても、質問や異議申し立ての形で声を出して行われたとしても、沸き立つような揺らぎを引き起こす。私たち全員が感覚的刺激への過飽和状態にあるこの情報時代にあって、虚構から事実を選別し、自分自身の結論を導き出すためには、批判的アプローチが不可欠だ。

政治的変革は発酵だ。権威主義的な政府や世襲王朝はそれを抑圧しようとするが、より動的な統治モデルはそれを利用して次々と発生する社会的ニーズに対応しようとする。私がいつも思想的共鳴を感じる政治理論家が、トマス・ペインだ。彼は1791年の著書『人間の権利』の中で、あらゆる世代が政治的変革への固有の権利を持っていると論じている。

後世の人びとを「時の終わり」までも拘束し支配するような、あるいはこの世の中はどのように統治すればよいか、まただれが統治したらよいかを永久に命令する権利ないし権力を所持するようなものは、議会であれ、党派であれ、世代であれ、これまでいずこの国にも存在したことはかつてなく、これからもけっして存在しないであろうし、いや、第一、存在するようなことは、けっしてあってはならない。それゆえ、右にあげた条文なり法令なり宣言なりは、その作成者たちは、やるだけの権利も権力も、また執行するだけの権力も持たないことを、それらを盾にとってやってのけようと試みはするものの、本質的にはすべて無効なのである。あらゆる時代および世代は、それ以前の時代および世代と同様、どのような場合にも、その思う通りに振舞う自由がなければならない。（『人間の権利』、西川正身訳、1971年、岩波書店より引用）〔原注9〕

私の解釈では、これは祖先たちの知恵を否定するものではない。現在の思想は常に祖先たちのアイディアから形成され、その影響を受けてきたからだ。また世代として

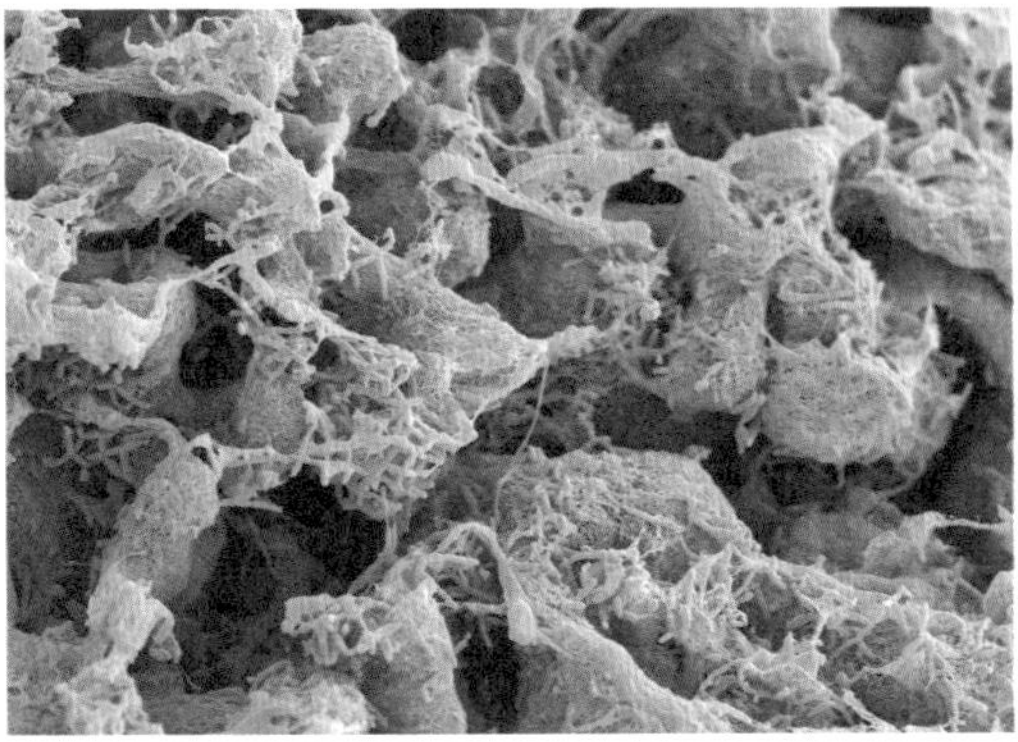

コンブチャマザー、走査型電子顕微鏡で撮影。

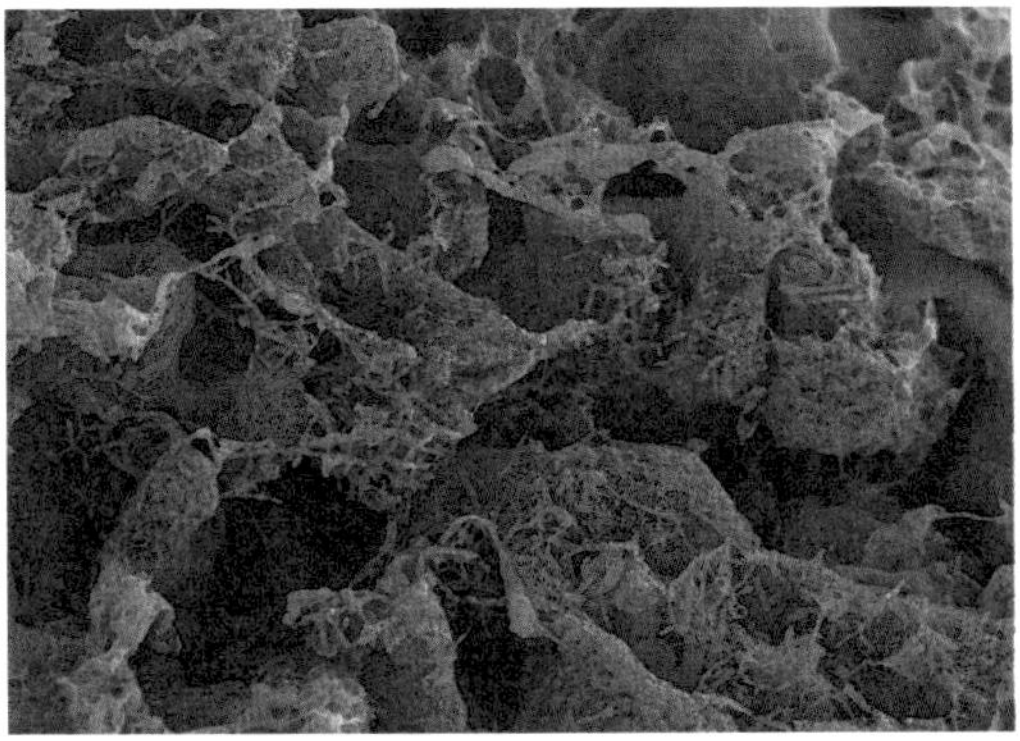

の貪欲さを正当化するものでもない。これは変化の永続性の承認であり、私たちの思想や統治、そして組織が、新しい情報や形成されつつある現実、そして絶え間なく変化し続ける感覚を受け止められるほど十分に柔軟でなくてはならないという認識である。社会や政治の領域では、発酵は今まさに必要とされていると同時に、必然でもあるのだ。

感情のコンポスト

社会や政治の分野で発酵が重要であるのと同様、人間の感情の最も奥深い領域でも発酵が強い力を持つことは言うまでもない。私の友人であり、常にアイディアを発酵させシェアしているヴァレンシア・ウォンボーンが、「感情のコンポスト」というアイディアを紹介してくれた。ヴァレンシアは多世代に及ぶトラウマとその累積的な影響について、特に彼女自身のように黒人奴隷の子孫であるアフリカ系アメリカ人との関連において話してくれた。どんな形のトラウマから生じる感情も、無視や否認によって克服することはできない。世代にわたって経験されたトラウマではその感情は特に強いものとなるので、なおさらのことだ。何世紀もの時間と複数の世代にわたる、奴隷にされた後さらに何度も裏切られたトラウマの克服が、否認から生まれるべくもない。私たちは社会全体として事実を認めなくてはならないし、償いによる和解の道を探らなくてはならない。奴隷や先住民の子孫たちは、人生のあらゆる側面で優先的に取り扱われるべきであり、そのことは複数世代にわたって長期間保証されるべきだ。そういった社会的支援があっても（なければもちろんのこと）、人々は感情を持ち続ける。変成作用を受けるために、それは承認され、そして実感されなくてはならない。コンポストにすき込まれた野菜くずや雑草のように、発酵によって感情を新しいものに変化させ、私たちの癒しと成長に役立てることは可能なのだ。

私がヴァレンシアに感情のコンポストについて考え始めたきっかけについて尋ねたところ、彼女は道教思想家マンタク・チア（謝 明徳）の名前を挙げた。彼はこの概念について、以下のように書いている。

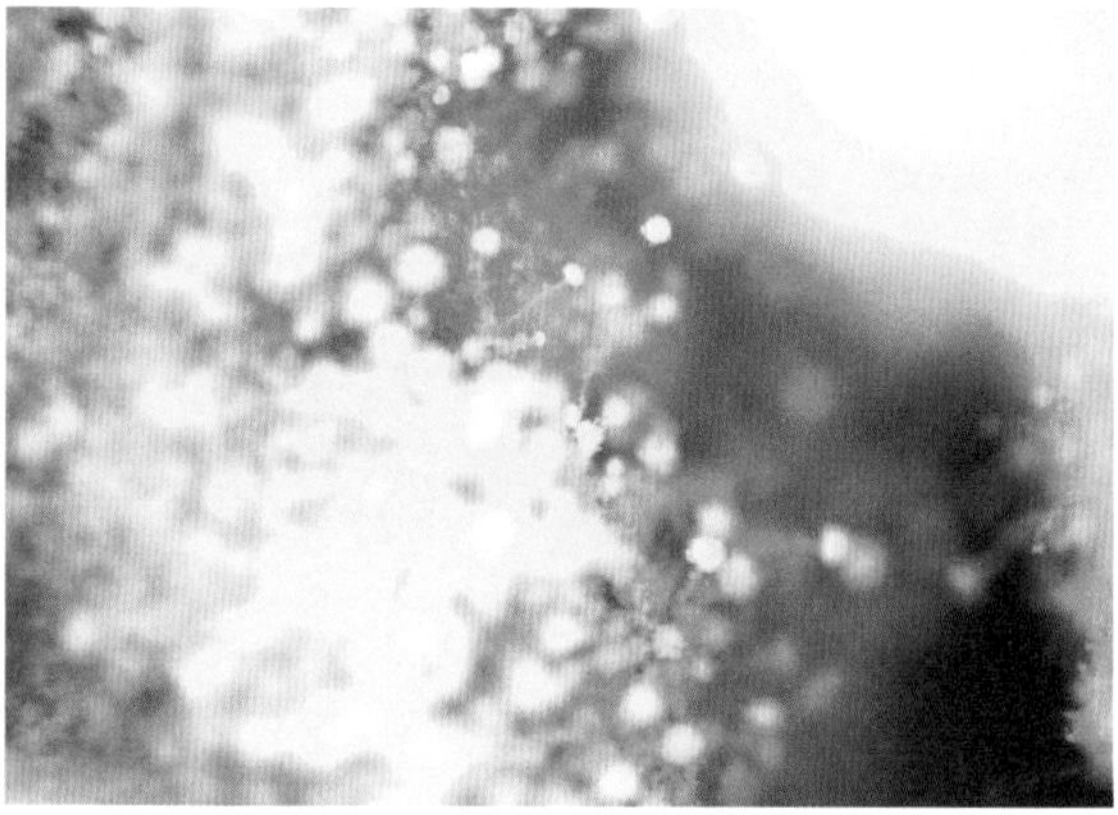

大麦麹、実体顕微鏡で撮影。

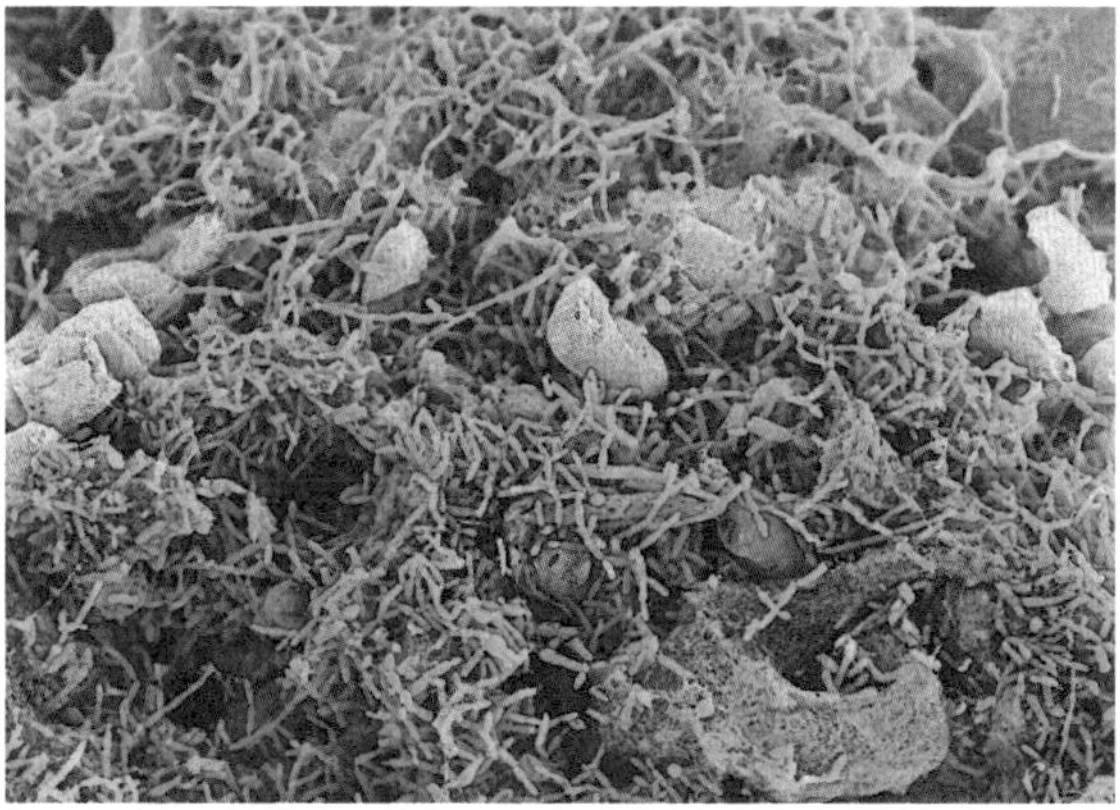

コンブチャマザー、走査型電子顕微鏡で撮影。

道士たちは、変成作用によって負の感情を生命力や前向きのエネルギーとすることが可能だと論じている。つまり、負の感情を追放したり抑圧したりすることは、生命力を追放したり抑圧することなのだ。それらを抑圧するのではなく、コンポストしリサイクルすれば、より多くのものが得られる。言い換えれば、それらの感情を受け止め、負から正のエネルギーに変換するのだ。これは感情の発生を許し、見守って受け入れること、しかし暴走させたりそれ以外の負の感情を誘発させたりしないことを意味する。有用な生命力エネルギーに変換するだけでなく、もう一段階上の意識、つまりスピリチュアルなエネルギーに変換することも可能だ。［原注10］

チア氏の提唱する手法や思想の全体像についてはよく知らないが、感情を手なずけることのメタファーとして、コンポストはぴったりだ。私は何十年も熱心にコンポストに取り組んでいて、その変成作用にはいつも驚かされている。雑草、タマネギの皮や野菜の切れ端、古くなってカビの生えた残り物、傷んだ果物、動物の糞、落ち葉など、どんな有機物を加えても、それは幼虫や昆虫、原生動物、菌類、バクテリアのえり好みしない旺盛な食欲によって消化されて腐植質に変化し、土の再生や植物の生育に役立ってくれる。コンポストは発酵のもうひとつの実例であり、感情をコンポストすることは感情を発酵させることなのだ。

コンポストに働く発酵の変成作用は、力強いビジョンを提供してくれる。私たちの妨げとなる感情——恥や自己不信の感情、自分に価値がないとか愛される資格がないと感じること、恐怖や怒りや後悔の感情——を取り除き、私たちひとりひとりにとっても、私たちの属する重層的な集団にとっても、より良い働きをして人生を前に進めてくれる新しいものに作り変えるというビジョンだ。

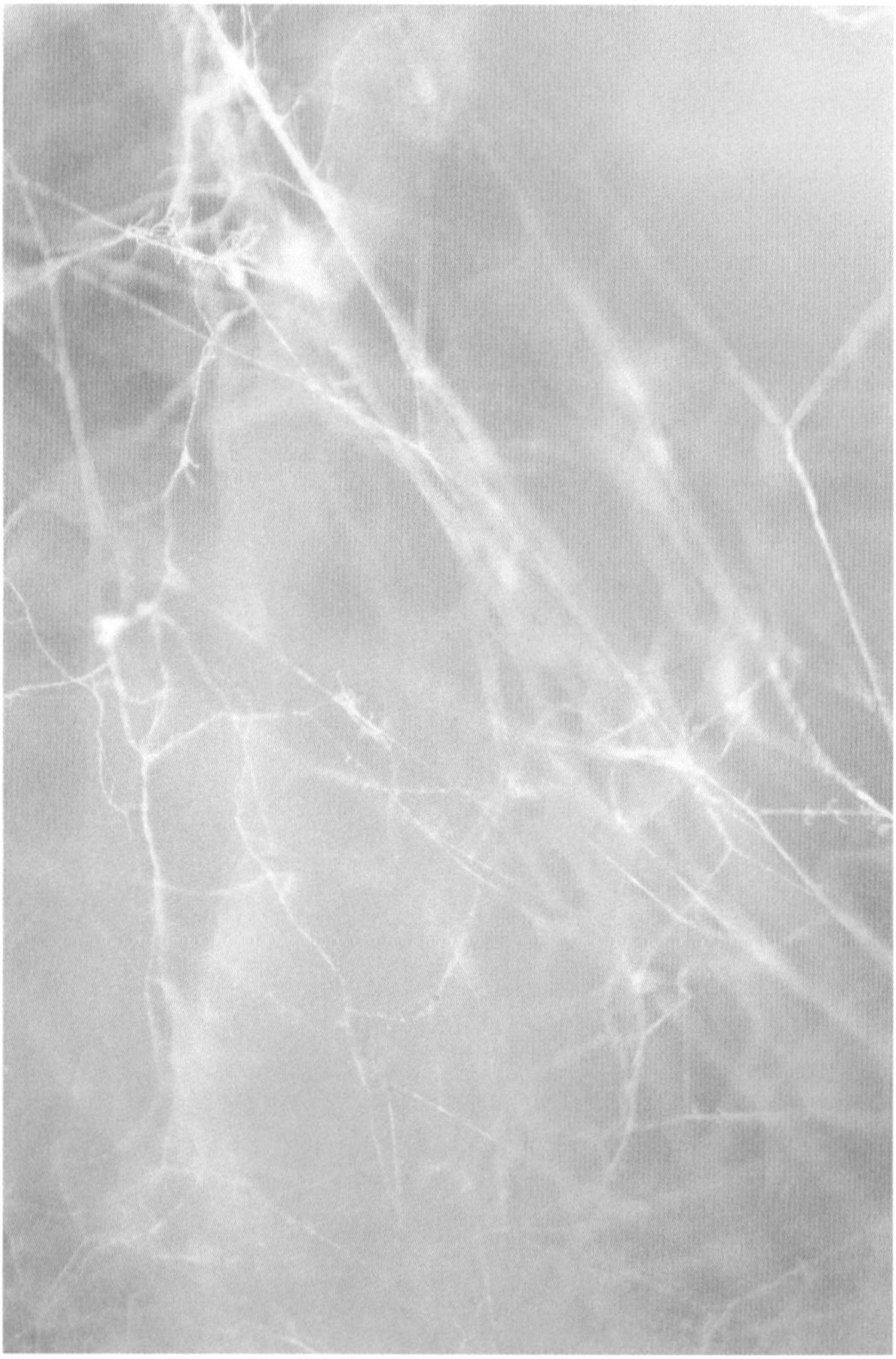

カビの生えた米飯、実体顕微鏡で撮影。

スペクトラム・エンパワーメント

メタファーとしての発酵の最大の魅力は、新たな形態、それもあらゆるものの新しい形態を作り出すところにある。私が特に心を動かされ、励まされたのは、二者択一的な思考を打破し、私がスペクトラム・エンパワーメントと呼んでいるものを受け入れようとする文化運動だ。それはジェンダーの領域で、明らかに起きている。

今日私たちは、男性と女性という二者択一的なジェンダー的カテゴリーにうまく当てはまらない人々を勇気づける社会運動の高まりを目の当たりにしている。現状では相変わらず二者択一的なジェンダー構造が大勢を占めているが、古くからの先住民の伝統においては、ジェンダーに当てはまらない人々に特別な役割が与えられていた例が多い。現代におけるトランスジェンダーのアイデンティティーは、オンラインのネットワーキングや、進化を続けるホルモン療法と手術によって支えられてきた。現在では、ジェンダーノンバイナリー［男性でも女性でもない］やジェンダークィア［既存の枠組みに当てはまらない］、ジェンダーフルイド［その時々によってさまざまな性別を行き来する］など、さまざまな性自認の人々が増え続けている。より多くの人々が、よりニュアンスのあるアイデンティティーを主張するにしたがって、そのスペクトラムをさらに他の人たちが拡張する余地が生まれて行く。

幅広いスペクトラム上に自分たちの居場所を確保する社会運動として、もうひとつ生まれつつあるものがニューロダイバーシティー［神経多様性］だ。この視点が退けるのは、特定の規範からのいかなる逸脱も精神疾患とみなす、メンタルヘルスの単一モデルという支配的なパラダイムだ。それに代わって、多様な神経系の発現を正常範囲内とみなし、神経多様性という現実をより広く受け入れ、折り合いをつけることが提唱される。

長年にわたって私は自閉症スペクトラムの子どもを持つ親たちの声を聴いてきた。彼らは自閉症を（腸内細菌に関連する可能性のある）不調とみなし、腸内の健康を（もしかするとわが子の状態も）改善できる治療法として、発酵に関する情報を探し求めていた。私は最近になるまで、その裏にある思い込みを本当の意味で疑ったことは一度もなかった。その認識を変えてくれたのが、自閉症スペクトラム上の成人から受け取った一通の手紙だった。その人は私の著書を楽しく読んでいたのだが、『発酵の技法』で私が自閉症について述べたことに当惑させられたのだという。それは、生きた微生物を含む発酵食品が自閉症からの「回復」に役立った例もある、と説明した部分だった。その人の手紙には、このように書かれている。「自閉症は治療すべき病気ではありません。自閉症の人々はニューロダイバージェントな［神経多様性がある］だけなのです。違っていても、悪いわけではありません。」その手紙はこう続く。「大部分の疎外された集団と同様、主流派集団の中の多くの人は少数派が折れて自分たちと同化することを願っていますが、私たちがそれに代わってすべきことは根本的な受容です」［原注11］

私は心から同意する。「スペクトラム上」には一風変わった人が多いが、だからこそ、その人たちは本当にユニークな能力を高めることができているのだ。配慮と励ましによって、より多くのニューロダイバージェントな人々が自分たちの独特の才能を伸ばす機会を得られ、きっとさまざまな方法で社会に貢献してくれるだろうし、片隅に追いやられることのない生活を送ることもできるだろう。

ありのままの自分の姿を病気扱いされてきた人々が団結して自分たちの人格を尊重するよう主張するとき、そこには発酵が起こる。ひとりひとりの思考が人々に促す会話は、沸き立ち、広がり、さらにまた沸き立って、連帯と相互支援が生まれる。その結果として、確固とした要求が生み出されることになるだろう。数十年前、1980年代末から1990年代初頭にかけてのニューヨークで、エイズのパンデミックのさなか、私はACT UP（AIDS Coalition to Unleash Power［力の解放のためのエイズ連合］）という活動家団体に所属していた。当時はエイズに有効な治療法は存在せず、エイズは死の宣告とみなされていたため、この病気にかかった人々は、亡くなろうと生きていようと、犠牲者として報じられるのが一般的だった。生き抜くために最善を尽くしている人たちにとって、そして実際に命を懸けて闘っている人たちにとって、犠牲者と呼ばれることはたいへんな苦痛だった。ACT UPなどのエイズ活動家団体では、エイズと共に生きる人々が自分たちの人間性と力を取り戻すため、犠牲者と呼ぶことを止めるよう要求した。デンバー原則（Denver Principles）として知られる、「エイズと共に生きる人々の連合（People with AIDS Coalition）」による1983年の声明は、次

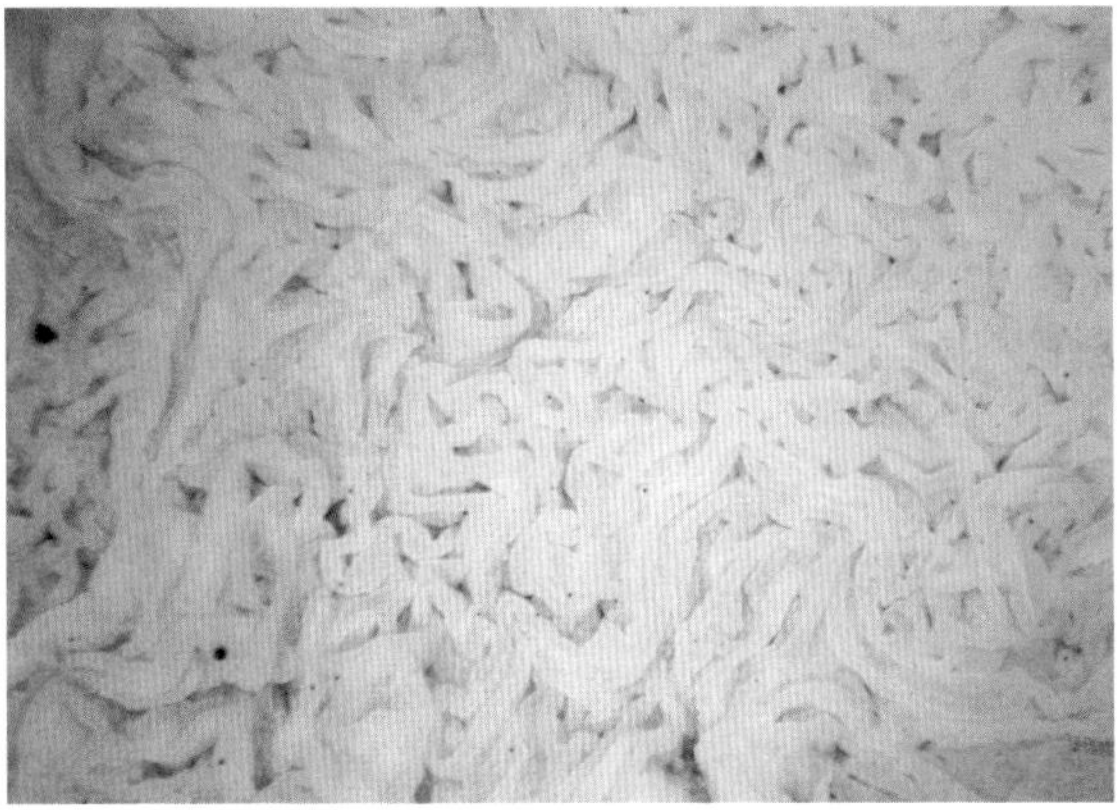

産膜酵母、実体顕微鏡で撮影。

のように宣言している。「私たちを『犠牲者』とラベル付けする試みを、私たちは非難する。それは敗北を意味する言葉だ。私たちは『患者』であることもまれである。それは受動的で、無力で、他の人から介護されていることを示す言葉だ。私たちは、『エイズと共に生きる人々』である。」誤解され歪曲して伝えられているという感覚を共有する人々の集団にとって、団結して自分たちをどう認識してほしいのか主張することは、強力な変革をもたらす発酵なのだ。

生物多様性

メタファーとしての発酵、沸き立ち興奮をもたらすアイディア（個人の心の中であろうと集団によって表現されるものであろうと）は、人々の唯一性に根差している。それは遺伝的差異の上に、家族のダイナミクス、文化、教育、社会経済学的階層、歴史的環境など、多くのものが積み重なったものだ。すべての人類はどこかでつながっており、何らかの共通点があるのは確かだが、同時に信じられないほど多様であり、究極的には私たちひとりひとりは唯一の存在なのだ。この視点の多様性が、メタファーとしての発酵を必然的なものとしている。

同様に、本来の意味での発酵にも生物多様性の現実が反映されている。本来の意味での発酵を引き起こす多様なバクテリアや菌類は、あらゆる環境中に複雑なコミュニティーとして存在し、ブドウ、小麦、キャベツ、ミルクなど、私たちの食品の原料となるあらゆる植物や畜産物に含まれている。また生物多様性は、あらゆる場所で地力の再生や受粉、生態系バランスの原動力となっている。このように非常に重要な役割を果たしているにもかかわらず、地球の生物多様性は急速に失われつつあり、多くの科学者は私たちが大量絶滅のただなかにいると警告している。この加速しつつある動物種や植物種、微生物種の減少はさまざまな要因に帰せられるが、それらはすべて人間活動に起因するものであり、汚染、気候変動、農業や開発による生息域の減少などが含まれる。

農業のために森林地帯の開墾を進めることは、増え続ける世界人口を支えるために

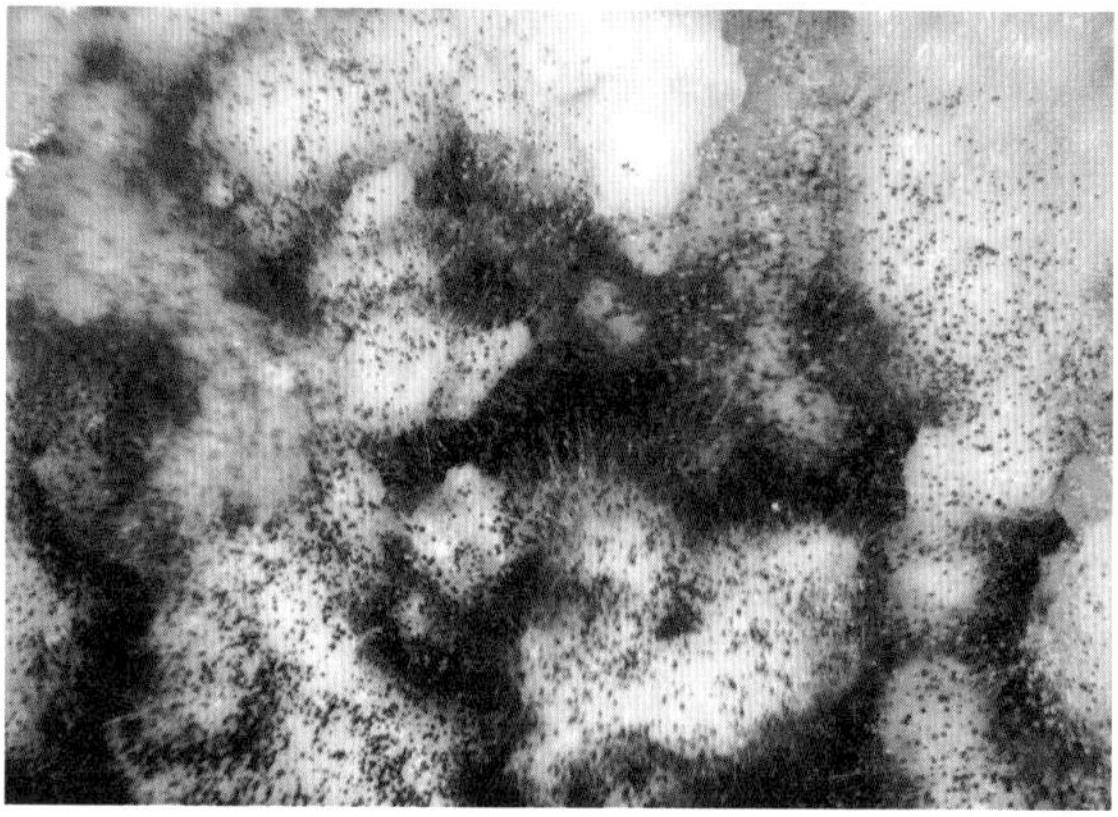

カビの生えた雑穀、実体顕微鏡で撮影。

カビの生えたコーンブレッド、実体顕微鏡で撮影。

必要なトレードオフだ、と論ずる人は多い。しかし多様な植物や動物、昆虫や微生物の個体数を支える生息域を破壊することは、自滅へと向かうトレードオフだ。土壌の浸食を加速し、地下水資源を枯渇させ、汚染を引き起こす農業のスタイルについても、同じことが言える。化学肥料や農薬の多用に依存する広大な工業的モノカルチャーは、地球上の増え続ける人間人口に食料を供給するために想像可能な唯一のソリューションではない。実際には、あまりにも多くの問題を悪化させるため、ソリューションとさえ呼び得ないものだ。

有機肥料を用いたポリカルチャーなど、持続可能で再生能力のあるソリューションは、はるかに労働集約的であり、そのため非現実的であるとして退けられることが多い。私たちは、食料を生産するための現実的な唯一のモデルがモノカルチャーであり、巨大な機械を使って延々と植えられた単一作物を育てることだと信じ込まされているのだ。しかし生物多様性の現実はモノカルチャーの継続を許すものではない。他の植物（雑草）が成長すれば、草取りか除草剤が必要となる。昆虫が出現すれば、殺虫剤が必要となる。菌類がはびこれば、抗真菌剤が必要となる。モノカルチャーの人工的な純粋さを保つには連鎖的な化学物質の散布が必要とされるが、どれも効果が長続きすることはない。進化が急速に進行し、農薬への耐性が獲得されるからだ。

生物多様性によって、地球という惑星上の私たちの住み処は混沌とした場所になっている。この多様性のダイナミズムが、私たち自身や私たちの依存する生命体すべてを生み出してきた。特定の栽培品種以外の植物を、すべて雑草と考えることはできない。昆虫や鳥類、その他の哺乳類を、すべて害虫や害鳥、害獣と考えることはできない。バクテリアやウイルス、その他の微生物を、すべて脅威と考えることはできない。私たちは空白の石板やペトリ皿、純粋な基質を取り扱っているのではない。私たちは地球上の生物であり、その点では他の生物と同じなのだ。この生物多様性の基盤の上に私たちが恣意的な境界を設定し、モノカルチャー作物を植えようとしても、うまく行くはずがない。地球上の生命は、あまりに複雑で、密接に関係しあっているからだ。

＊＊＊

地球上のさまざまな環境で人類が生き永らえるために利用してきた食品の多様性もまた、生物多様性を反映している。人類はその絶大な適応力によって、熱帯から極地に至るまで、根本的に異なる食物の候補を提供する、大幅に異なる生態系の中で繁栄してきた。私たちが生きるためには、コーンフレークやチーズバーガーは必要ない。私たちには、最先端の「スーパーフード」は必要ない。私たちの周囲の環境にふんだんに存在し、私たちが容易に収集したり育てたりできるものは、どれも主食となり得る。栄養や健康は、バランスと文脈の問題だ。たったひとつの作物や動物で、私たちの運命が左右されるわけではない。私たちはまさしく雑食動物なのであり、何でも食べられる幸運な生き物なのだ。

特定の果物や穀物、あるいは調理方法だけで、健康が保てるわけではない。生物多様性は、それよりもはるかに偉大なものだ。文化の多様性もまた、それよりもはるかに偉大なものだ。食べることによって健康を保ち栄養を満たす道は一本ではないし、いたるところで蓄積された文化的伝統の知恵を退けてはならない。一部の食のイデオロギーの信奉者たちは、何千年も前に人類の文化が全体として致命的な過ちを犯してしまったと説く。その原罪は、火による調理（ローフード信奉者の場合）であったり、穀物中心の農業（原始時代食信奉者の場合）であったりする。彼らがすべて自分たち

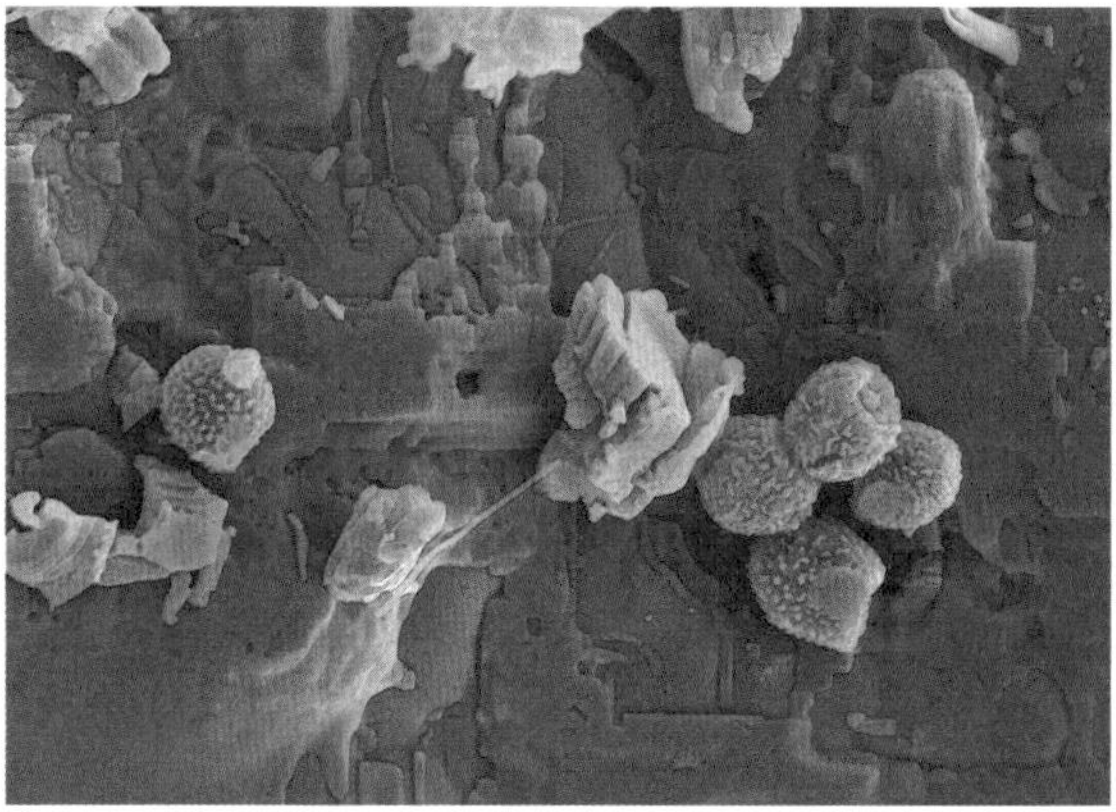

乾燥させたザワークラウトの漬け汁の結晶、走査型電子顕微鏡で撮影。

の望む食べ方をすることは大いに支持するが、彼らの食べ方に人類全員がならうべきだという信念を誰かが表明するとき、私は不思議に思う。何をもって彼らは、世界中のありとあらゆる多様な文化の伝統が何千年もつかみ損ねていた真実とやらを、ついにつかんだと確信できるのだろうか？　私たちの食品に関する多能性と適応力は、人類という種が成功を収めるうえで重要な要素だった。未来は柔軟な人たちのものだ。

発酵は一時の流行ではなく、現実だ

急速に増加する人類への食料供給の懸念がパニックや不安をかき立てる一方でなおざりにされているのが、世界中で人の食用に生産された食品のうち、少なくとも3分の1が廃棄されているという事実だ（国連食糧農業機構による［原注12］）。食品として生産されるもの以外にも、ほとんど利用されていない食料源の候補はドングリや昆虫、海藻など、数多くある。私たちは廃棄をなくすように食品との接し方を改めるとともに、いたるところで私たちの祖先がしてきたように、ふんだんに手に入るものを利用しなくてはならない。

発酵が復興しつつある現在、富める美食家たちが発酵を一時の流行としてとらえることが多いのに対して、あらゆる場所の人々が手に入る食料資源を有効活用するためには発酵が歴史を通して必須の要素だったことは、私にとって興味深い。発酵の伝統は必要から生まれたものであり、生産や調達できる食料で命をつなぐ人々にとって非常に大きな実用的価値がある。皮肉なことに、発酵がそもそも身近なものであり、富裕層の興味を引いているという理解とは裏腹に、スーダン（都市部へ出てきた農村部の人たち［原注13］）やシベリア（より典型的なロシア料理に慣れてきた人たち［原注14］）など、発酵の風味や匂いが概して拒絶され、時代遅れや粗野な生活様式とみなされ、より現代的な食品に代わられた例もある。

発酵は廃れてはいないし、一時の流行でもない。発酵は現実なのだ。アルコールを作り出したり、魅力ある風味を生み出したり、欠乏時に備えて余剰時の食料を保存したり、そのままでは有毒な植物を食べても安全なものにしたり、栄養価を増すとともに容易に消化できる食品に変えたり、健康を保ち病気をいやしたり、体内の微生物相を修復したり多様化したり、エネルギーを節約したり作り出したり、地力を回復させたりするために世界中の文化で利用されてきた、なくてはならない生命力だ。

また発酵は、無限の再生力という強力なメタファーも提供してくれる。特にこの困難な時期にあって、私たちには発酵の創造力が必要だ。私たちは、生活のあらゆる領域で刺激と興奮を切実に求めている。私たちのさまざまな実存的課題には、社会的変化を引き起こす幅広い運動が必要だ。それと並行し、密接に関連しているのは増え続ける心理社会的課題であり、メンタルヘルスや性的関心、精神性など、よりつかみどころのない内面世界における変容が必要とされている。

私がこの原稿を書き上げようとしているまさにこのとき、世界はCOVID―19パンデミックとの対決を余儀なくされている。わずか数週間のうちに、ウイルスの感染拡大を防止するためのディスタンシング措置の実施に伴い、私たちの知っていたこれまでの社会は機能停止に陥ってしまった。生活様式に与えた変化があまりにも急激

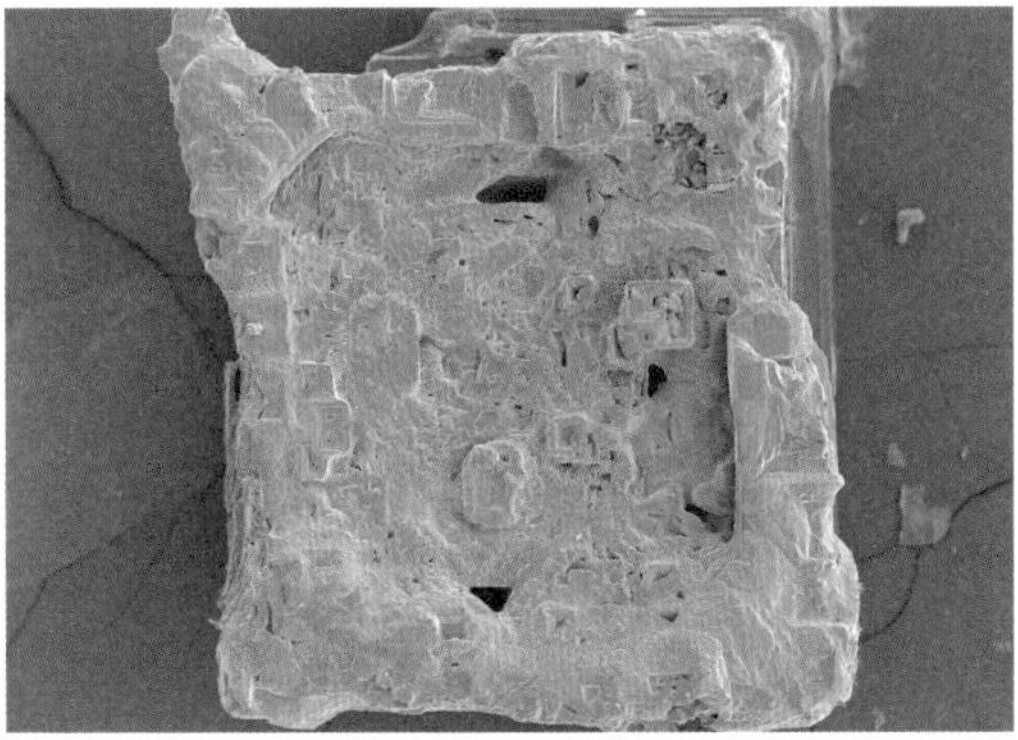

乾燥させたザワークラウトの漬け汁の結晶、
走査型電子顕微鏡で撮影。

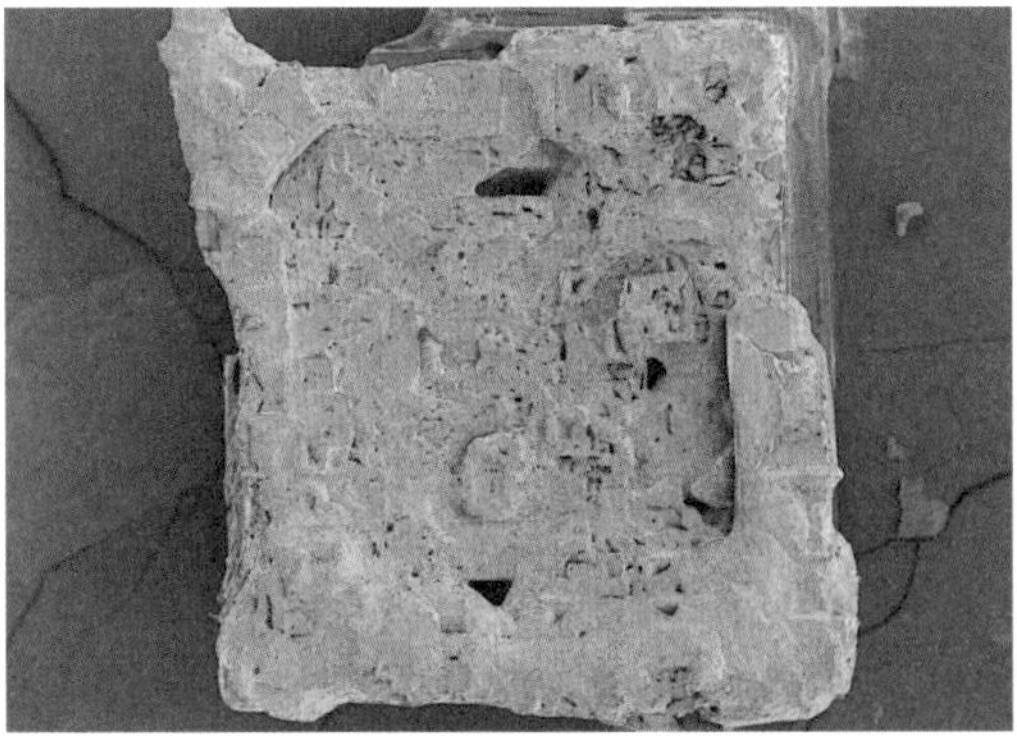

だったため、失業、生活必需品の不足、経済の大混乱、遠く離れ離れになって（あるいは逆に狭い場所に閉じ込められて）暮らす家族、医療体制の逼迫など、社会的・経済的な問題が連鎖的に生じた。膨大な人命が失われたことは言うまでもない。どんな危機についても言えることだが、このような生活様式の急激な変化は、同時にチャンスとなる可能性もある。

このような時期にあって、史上初めてアメリカでは再生可能エネルギーが化石燃料を上回った［原注15］。交通の劇的な減少と工場の操業率低下が相まって、水質と大気環境に顕著な改善が見られた。これは、変化へ向けた第一歩なのだろうか？　忙しい生活を、もっと落ち着いたものにする。外で歩く機会を増やす。なるべく飛行機には乗らない。集中的な生産を減らし、小規模な地元や地域での生産に移行する。資源の収奪を抑える。際限のない経済成長の加速へ向けた突進をやめる。再生農業と、再生可能エネルギーをさらに推進する。

私はあいにく、答えや前へ進むためのプログラムを持ち合わせてはいない。あるのは疑問だけだ。しかし、ウイルスやバクテリアの突然変異が自然のなくてはならない創造力であるように、突然変異は人間文化のなくてはならない創造力でもある。それがメタファーとしての発酵の本質なのであり、突然変異と変成作用、そして再生の無限の源なのだ。発酵はいたるところで起こり、泡が出始めるまで姿を現さず、目にも見えない。しかし泡が現れ始めれば、どんなことでも起こり得るのだ。

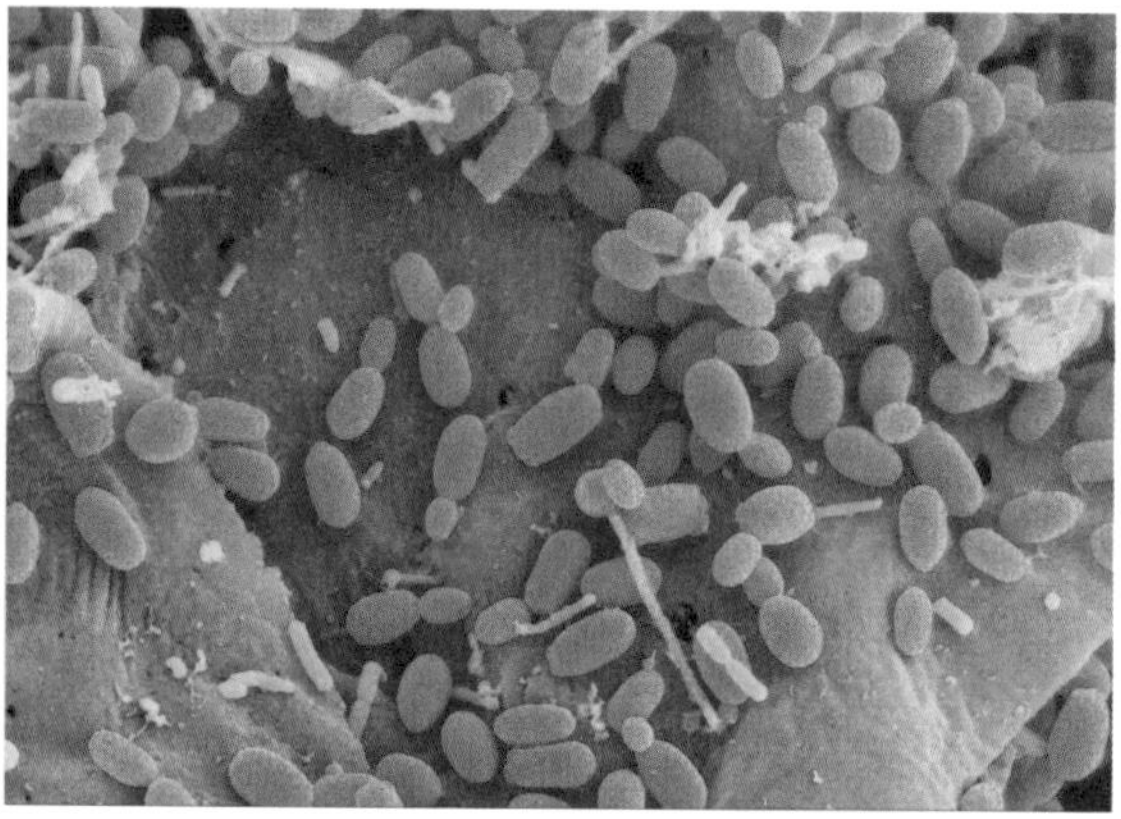

ラディッシュクラウト、走査型電子顕微鏡で撮影。

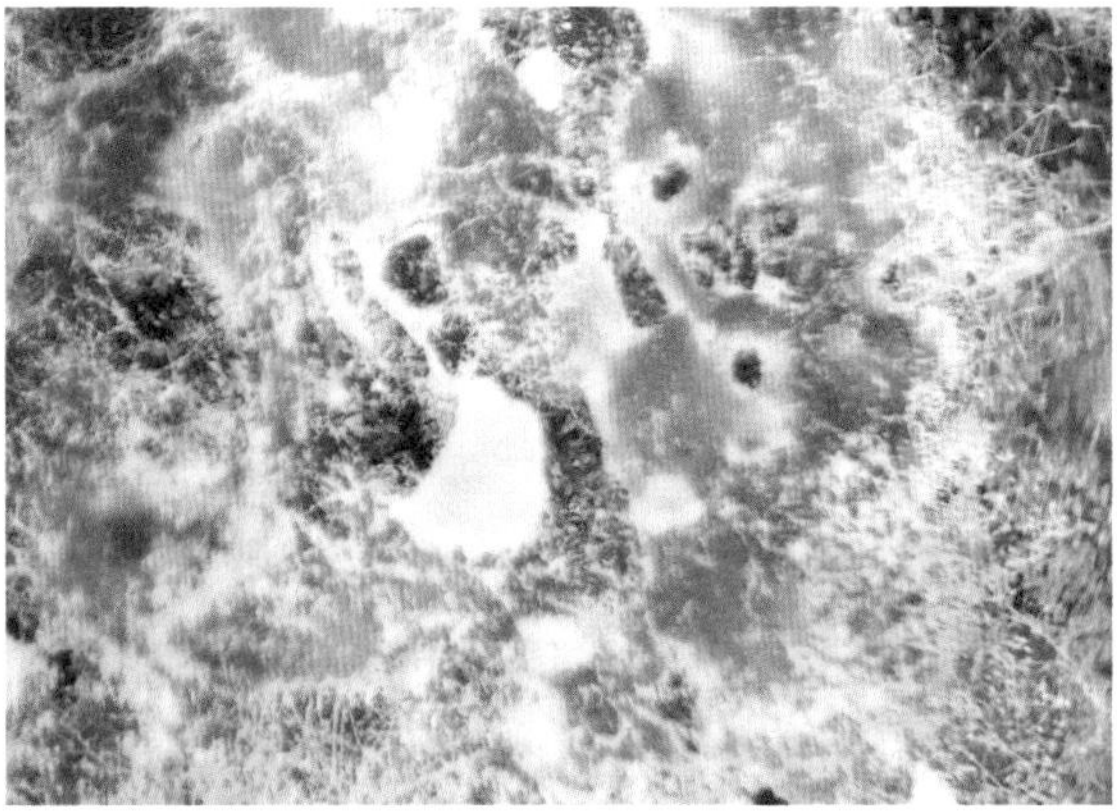

カビの生えたパン、実体顕微鏡で撮影。

謝辞

この本に収録したすべての走査型電子顕微鏡の画像について、ミドルテネシー州立大学（MTSU）に感謝する。特に、MTSU学際ミクロ分析イメージングセンター（MIMIC）のジョイス・ミラーと、同大学の発酵科学プログラムのディレクターであるトニー・ジョンストンにはお世話になった。また、これらの画像に彩色を施してくれたジョシュア・グレイヴァーにも感謝する。

さらに、私のエージェントであるヴァレリー・ボルヒャルトと、出版社のチェルシー・グリーン・パブリッシングには、このプロジェクトを後押ししてくれたことに感謝する。チェルシー・グリーンの中では、このプロジェクトが具体化する前に担当を外れてしまったが、初期段階で私を叱咤激励してくれた元編集者、マケナ・グッドマンに感謝する。ベン・ワトソン、パティ・ストーン、マーゴ・ボールドウィンをはじめとする、チェルシー・グリーンの素晴らしいチーム全員にも感謝したい。ショッピング・スプリーとスパイキーには、初期の原稿を読んでフィードバックをくれたことに感謝する。

私が世界中を旅する中で出会った、素晴らしく情熱的な発酵愛好者のコミュニティーに感謝する。私はいつもあなた方から学んでいるし、発酵という感動的な現象の性質について考え続けるためのヒントもあなた方が与えてくれた。

私の素晴らしい家族と友人たちに感謝する。

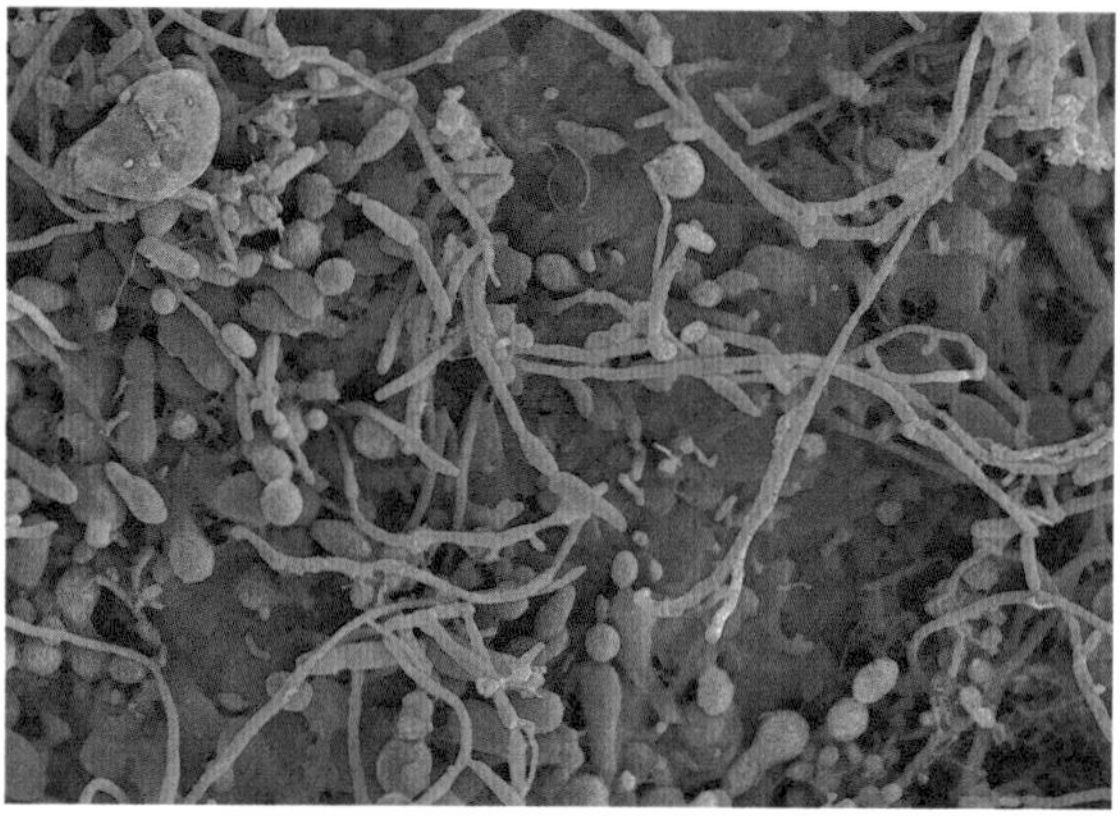

ティビコス（ウォーターケフィア）、走査型電子顕微鏡で撮影。

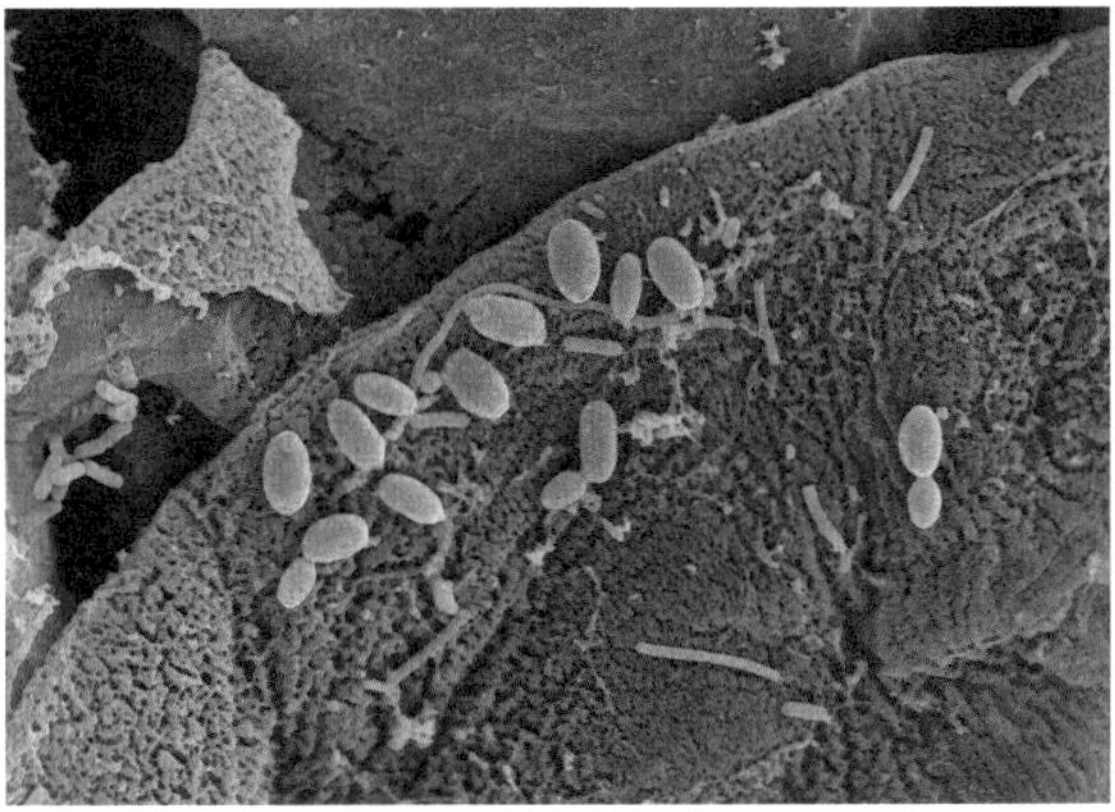

乾燥させたザワークラウトの漬け汁の結晶、
走査型電子顕微鏡で撮影。

原注

1 James F. Meadow et al., "Humans Differ in Their Personal Microbial Cloud," PeerJ 3 (September 2015): e1258, https://doi.org/10.7717/peerj.1258.

2 César E. Giraldo Herrera, Microbes and Other Shamanic Beings (Cham, Switzerland: Palgrave MacMillan, 2018).

3 Mercedes Villalba, Manifiesto Ferviente [Fervent Manifesto] (Cali, Colombia: Calipso, 2019).

4 "Facts about Antibiotic Resistance," Infectious Diseases Society of America, accessed May 9, 2020, https://www.idsociety.org/public-health/antimicrobial-resistance/archive-antimicrobial-resistance/facts-about-antibiotic-resistance.

5 Massimiliano Cardinale et al., "Microbiome Analysis and Confocal Microscopy of Used Kitchen Sponges Reveal Massive Colonization by Acinetobacter, Moraxella and Chryseobacterium Species," Scientific Reports 7 (2017): article 5791, https://www.nature.com/articles/s41598-017-06055-9.

6 Heather Paxson, The Life of Cheese (Berkeley: University of California Press, 2012), 161.

7 Alan R. Templeton, "Human Races: A Genetic and Evolutionary Perspective," American Anthropologist 100, no. 3 (September 1998): 632–50, https://www.unl.edu/rhames/courses/current/readings/templeton.

pdf.

8 The Purity of Little Girls (Randleman, NC: Pilgrim Tract Society).

9 Thomas Paine, The Rights of Man (London: J. S. Jordan, 1791). ［日本語訳：『人間の権利』（岩波文庫 6897-6900、トマス・ペイン著、西川正身訳、１９７１年、岩波書店）p. 24］

10 Mantak Chia, Cosmic Fusion: The Inner Alchemy of the Eight Forces (Rochester, Vermont: Destiny Books, 2007), 59–60.

11 ２０１９年８月28日付の私信。

12 “Global Initiative on Food Loss and Waste,” Food and Agriculture Organization of the United Nations, accessed January 17, 2020, http://www.fao.org/3/a-i7657e.pdf.

13 Hamid A. Dirar, The Indigenous Fermented Foods of the Sudan: A Study in African Food and Nutrition (Oxon, U.K.: CAB International, 1993).

14 Sveta Yamin-Pasternak et al., “The Rotten Renaissance in the Bering Strait: Loving, Loathing, and Washing the Smell of Foods with a (Re)acquired Taste,” Current Anthropology 55, no. 5 (October 2014): 619–46, http://doi.org/10.1086/678305.

15 Brad Plumer, “In a First, Renewable Energy Is Poised to Eclipse Coal in U.S.,” New York Times, May 13, 2020, https://www.nytimes.com/2020/05/13/climate/coronavirus-coal-electricity-renewables.html.

監訳者解説

「発酵する体」

ドミニク・チェン

サンダー・キャッツが「メタファーとしての発酵」について本を書いたと聞いた時、「ついに来たか！」と心が躍った。わたし自身、キャッツやその他の優れた先達の活動を通して発酵現象に魅了されるに連れ、次第に「発酵」概念をメタファーとして用いるようになったからだ。だから、他でもない、現代の発酵食文化のエヴァンジェリストとして名高いキャッツその人が発酵を隠喩として論ずる本を書いたとあらば、興奮しないわけにはいかない。同じく英語で書かれ、茶道に内包された禅の哲学や認識論を説いた岡倉天心の『茶の本』のような書籍をイメージしていた。結論からいえば、わたしのその期待は良い意味で裏切られたことになる。

キャッツはこれまで英語で3冊の発酵食文化にまつわる書籍を刊行し、いずれも日本語に訳されている（『発酵の技法』オライリー・ジャパン、『天然発酵の世界』築地書館、『サンダー・キャッツの発酵教室』ferment books）。どれも多彩な発酵食のレシピや滋味、効能についてまとめた実地的な内容だった。対照的に、２０２０年10月に刊行された本書は、世界中の発酵食に精通したキャッツが発酵現象を比喩として用い、現代社会を生き抜く術《すべ》を論じている。これまでの本でも彼の真摯な人となりや、ＡＩＤＳと闘病しながら精力的に活動するライフスタイルが垣間見えたが、本書ではよりストレートにキャッツ流の処世術を綴っているのが特徴だ。

だから、キャッツのことはおろか、発酵食についてよく知らない読者が、具体的な発酵食文化の解説を期待して本書を手に取ったのならば、驚いてしまうかもしれない。しかし、逆にそんな発酵ビギナーにこそ本書を勧めたいとも思う。なぜなら、本書を通して、発酵が一時的な流行やファッションの対象では決してなく、奥底が見えないほど複雑で魅惑的な「現実」であることを知ることができるからだ。

本書でキャッツは一人の実践者として培ってきた知見から、人の心から社会までが発酵（もしくは腐敗）するとはどういうことか、という考えを述べている。だから本書の文章は、抽象的な概念操作によって構築されたものというよりは、あくまで彼自身によって生きられた体験に基づく直観と価値判断が放つ説得力で溢れている。そして、顕微鏡で撮影され、着色されたたくさんの菌、カビや麹の写真が散りばめられているのは、キャッツが読者に対して認識論のアップデートを促そうとしているからに他ならない。

なぜ発酵現象について知ることによって、わたしたちの世界の見え方が変わるのか？　それは、発酵を担う微生物たちが目に見えないほど小さい生物でありながら、わたしたちの身体を構成する重要な要素であり、また、地球環境の至るところに偏在し、文字通りわたしたちの世界を埋め尽くしているからだ。違う言い方をすれば、発酵微生物たちは、地球上の生命が成立する条件の大きな部分を担っているとも言える。それは、世界が人間の認知能力が知り尽くすことのできない現象で溢れているという事実を教えてくれるのだ。近年、古代ギリシャに端を発し、ルネッサンス以来の科学史観を支えてきた人間中心主義的な思考に対する反省が世界中で議論されているが、発酵現象について自分の体を通して学ぶことは、まさに人間こそが至高の知的生命体であるという傲慢さから離れ、世界に対して今一度、謙虚な姿勢を取り戻すことにつながるといえる。

わたし自身、発酵、それも日本固有の文化である「ぬか床」のメタファーを使って、人間の認知および知性を捉え直そうとしてきた。松岡正剛氏と共著した本[1]では、ある問いに対して正解や確率を導こうとする従来の計算機とは異なり、問いがさらなる謎を生み出すプラットフォームとしてのコンピュテーションの在り方を「謎床」と呼んでみた。さらに、『メタ床』と題した論考[2]では、インターネット上のネットワーク構造やコミュニケーションの関係を多様な微生物同士が相互作用する場所としてのぬか床モデルで捉え、人間の認知構造や知性も発酵現象として捉えられると書いた。そして、Fermentative creativity（発酵的創造性）と題した論考[3]では、「創造性」と訳されるcreativityという言葉の語源において、「人為的な制作」と「自然発生的な生成」という二つのイメージが混在していたことを論じ、発酵的思考は後者の自然発生的な認識に連なるものだと論じた。

わたしは一人の科学の徒として、発酵現象の化学的な側面について学習し直しながら、同時に科学的なナラティブをどのように更新できるかということにも関心を抱いている。乱暴にいえば、客観的に世界を記述しうるという物理学的な認識と、観察行為そのものが世界への主観的な参加を前提とするという哲学的な認識をどのように架橋し、統合できるか、という問いである。本書でキャッツが展開しているもの語りは、一人の実践者としての等身大の考えを自分の言葉で綴るというものだ。わたしは、科学的言語の構築と同時に、散文や文学による認識の拡張も同等に重要であると考えている。発酵現象は自然科学の言語による記述のみでは表現しきれないほどに豊穣で深奥なのだ。

このような観点で本書の類書を考えてみると、ダナ・ハラウェイやアナ・ツィンといった哲学者や人類学者によるエコゾフィー（生態哲学）の書籍を思い起こされる。動植物、微生物を含む自然存在をモアザンヒューマン（more-than-human、人以上の存在）と呼び、論理的思考と同時に人以外の生命に対する敬意を前提に置く姿勢は、本書にも通底している。そこから、ハラウェイの「伴侶種」(companion species)

やツィンの「自然存在への気づき（noticing）」といったコンセプトを、キャッツは至極自然に体現していることに気付かされる。また、日本語の刊行物でいえば、発酵デザイナーの小倉ヒラクが人類学の観点から発酵文化の奥深さを考察した名著『発酵文化人類学』（木楽舎）や、日本津々浦々の発酵文化を取材した『日本発酵紀行』（D&DEPARTMENT PROJECT）が想起させられる。デザイン、人類学、文学と、多様なバックグラウンドを活かしながら小倉が紐解く発酵の世界は、万華鏡をくるくる回しながら世界を見つめるが如く、多種多様な微生物を媒介にして体と環境の境界線が動的に揺れ動いていることを教えてくれる。キャッツは対照的に、あくまでも一個人としての彼が発酵的な思考を醸成させ、それが具体的な他者との交流の仕方であったり、社会的な政治観とどのようにつながっているのかということを主観的に教えてくれている。

わたしがとりわけ興味深く思ったのは、体臭や放屁といった体の自然な生理現象に対して社会がネガティブなレッテルを貼ってきたことに対してキャッツが反論をしている箇所だ。人の体は無臭が良いという認識は、バクテリアに対する戦争が目指す無菌社会と志向性を同じくする。しかしながら、微生物が人体の中で発酵しながらガスを生成することを否定すれば、微生物との共生を断ち切り、わたしたちの体はさらに脆弱化してしまう。そうやって人間の生きる世界をその他の生命から孤立させることは、人がますます生物学的、生態学的に生きづらくさせる営為なのだと理解できる。キャッツはまた、人間の体を自然から切り離してきた文化として、性的な関心を封じ込めてきた宗教的な軛《くびき》の例も挙げて、わたしたち自身が自分たちの世界に対する認識を文字通り不自然で、不自由なものにしていると説いている。SDGsのように大文字の社会問題を論じるずっと手前で、わたしたちには自分たちの体の捉え方を更新する余地がたくさん残っているのだ。

また、キャッツは時折ゴミを漁って食べられる食料を拾い出していることに言及している。そして、「清浄」な食べ物など存在しえず、食べ物を清浄と不浄の二項対立で区別しようとする発想こそが不浄なのだと言う。このような記述を読んで改めて思わされるのは、発酵について実践したり考えたりする上で、「食べる」という行為に対する認識が変化していくということだ。食べるとは決して、個体としての自分が生命活動を維持するための手段だけを指すのではない。わたしたちは食べるものを体に取り込み、食べたものがわたしたちを構成したりもする。わたしたちが摂り込んだ食物は、胃腸のなかに生息する微生物たちに食べられもする。食べるものと食べられるものは、長期的な時間軸のなかで関係している。

わたしたちの体は個体として環境のなかで自律的に活動するように進化したが、決して閉じているだけではなく、世界に対して開かれてもいる。同時に、わたしたちそれぞれの体は、体を構成する細胞よりも多い数の微生物たちが住まう世界でもある。ある生命の代謝物や排泄物が他の生物の食料になる連鎖のことを指し示すfoodweb（フードウェブ、食物網）という概念がある。食べる、食べられるという関係性のネットワークのなかで個体としてのわたしたちは連関しあいながら存在している。メタファーとしての発酵について考えることは、異なる生命種同士が根本的な次元で相互依存している事実を意識に浸透させてくれるのだ。わたしにとって、自分自身がfoodwebのなかにいると感知させてくれるのが、ぬか床を手で混ぜ、漬けた野菜を食べる時である。以下に、本書におけるキャッツの発酵的リアリズムに触発されながら、わたしなりにぬか床を通して認識論がどのようにアップデートされるのかを書いてみようと思う。

ぬか漬けを手入れする時、その中に生息する、数えることができないほどたくさんの微生物たちと接触する。その時、自分の手の上で生きている別の小さな生き物が雑ざり合う。体からぬか床へ、そしてぬか床から体へ、生き物たちが越境していく。そもそも、体の微生物たちはどこからやって来たのか。彼らの来歴もまた、起源を辿ることができないほど複雑で膨大な経路によっている。ぬか床の中の微生物もまた然りだ。キッチンの空いた窓から入り込む風に運ばれてきた乳酸菌たちや雑菌たちは、どれほど遠い距離を辿ってきたのだろうか。もしかしたら別の街から流れてきたのかもしれないし、近所の公園の木々や青果店の野菜からやってきたのかもしれない。そのような連なりを想像し始めると、目眩を覚える。そして、自分を個体として認識する意識が、微生物たちがもともといたかもしれない風景の数々のなかに融け込んでいく。

Der Mensch ist was er isst.「人は、人が食べる（isst）もの、そのもので在る（ist）」という洒落のような警句は、19世紀ドイツの哲学者、フォイエルバッハのものだ。この言葉の出典は、化学者モーレショットが１８５０年に上梓した『食の指導』(Lehre der Nahrungsmittel) の書評である。唯物論者のフォイエルバッハは当時、世俗の現実とかけ離れた形而上哲学の風潮に嫌気がさし、政治のことで頭がいっぱいだった。食育の重要性を科学的に論じる書籍の内容に同調し、意識や存在に関する高尚な議論よりもむしろ、政治の腐敗や度重なる内戦によって飢えた民衆を救う手立てを求めていた。「人は、人が食べるもの、そのものである」とは、社会階級や属性に応じて人々が食べられるものが決定してしまっている、という社会の歪さを糾弾する言葉だった。そして、モーレショットのややもすると化学的還元主義な傾向に慎重な姿勢を取りながらも、フォイエルバッハは科学的思考による社会改造の必要性を訴えた。

19世紀ドイツの文脈からこの洒落表現をひっぺがして現代に転置させてみると、「人は食べるものそのもので在る」という表現は別の色彩を帯びる。わたしたちの体を構成する40兆以上の細胞のひとつひとつを構成する分子は、常に新陳代謝のサイクルに曝されている。わたしたちの体を個体たらしめる物理学的な論理は外界に対して閉じており、一世代の間では変化しない。しかし、同時に、分子レベルでは常に外界とエネルギーと情報を交換し続けている。つまり素材のレベルでは、体は開かれている。建築図面は変わらないが、建築の資材は定期的に新しくやってきたものと交換されている。いわばミクロな式年遷宮を繰り返しながら、わたしたちの体には古い時間と新しい時間の層が重なり合っている。

遺伝学では長らく、個体が獲得した特性は次世代に遺伝しないという考えが中心的な教義とされてきた。遺伝の突然変異（遺伝子の複製ミス）の結果が、たまたま環境変化に適応できれば、変化が持続する。Evolutionという語を、本当は「進化」ではなく「変化」と翻訳すべき理由がここにある。同時に、近年では個体形質の一部が次代に受け継がれるというエピジェネティクスの研究が盛んになっている。このことも、生命が短期と長期という複数の並行時間を生きていることを指し示している。

生物種があるべきひとつの歴史の必然に沿って進んでいくという進歩史観は、フォイエルバッハが批判したヘーゲルの思想だった。生命の営みが正しい帰結に向かっていくという発想は、自然環境を制御する術を発展させてきた人間種が、それ自体は目的をもたない自然進化の連鎖から降りてしまったことを指し示すものでもある。環境破壊に起因する気候変動に右往左往し、超国家的な決断を取れずにいる現代社会の危機的状況を見れば、19世紀のフォイエルバッハ同様に、わたしたちも新たな認識論を必要としているように思えてこないだろうか。

物理的な現実としては、わたしたちは触れるもの、視るもの、聴こえるもの、そして食べるものの総体によって変化し続けている。「人は食べるものそのもので在る」。わたしたちの脳も体もこの流れの全てを制御できるようにできていない。そして、今日に至るまで西洋社会を中心とした近代化の波が推し進めてきたことは、自然世界を制御するために、本来は豊穣である情報を数量的な確率に還元することだった。しかし、それは人間が数値に依存する価値観に隷属するという事態につながった。

17世紀に端を発し、今も世界を覆う主たる認識論である西洋近代主義は、二つの潮流を生み出した。デカルト（17世紀）からニュートン（18世紀）、そしてフォン・ノイマン（20世紀）をつなげる流れは、客観的、合理的な証拠さえ揃えば、たとえ目隠しをしていても、適切に問題を解決できると考える科学技術主義（Techno-Scientism）を形成した。もうひとつは、知を探求する術を特権階級から解放し、あまねく社会に広めようとする人文主義（Humanities）の流れだ。両者は、時に手を取り合い、また別の時には独立して進んできた。一方では問題を単純な結果に還元して操作可能な対象に変換し、他方では問いを深め、別の問いを生み出す。しかし、後者のための手段であるべき前者が目的化したのが、今日のわたしたちが生きている経済市場の流れである。確率を計算し、リスクを最小化する癖は、わたしたちの生きる教育、報道、企業活動といった社会の隅々に埋め込まれ、体に馴致している。

他方で、「人は食べるものそのもので在る」という認識を、字義通りに受け止めれば、還元的思考が後退していくのがわかる。ぬか床で漬けた野菜は、常に驚きの感覚と共に、問いをもたらす。前の日と比べて酸っぱかったり塩っぱかったりするのはなぜだろう。昨日はしなかった香りがするのはなぜだろう。このような問いが生起する度に、わたしたちは不可視の微生物たちの不断の営為に注意を向けたり、想像したりせざるを得ない。それは、全容を把握することができないばかりか、そもそも把握しようとすることに意味がないほど複雑なネットワークなのだ。どこかからやってきて、勝手に発酵している夥しい数の菌たちの動きを制御しようとすれば、驚きと問いは生み出されないだろう。わたしたちが固定化された生き方を求めるのであれば、それはそれでいいのかもしれない。だが、わたしたちが開かれた変化という生命本来の在り方を生き続けるには、わたしたちはより予測不可能な世界で生きることを欲望しなければならない。知覚と認知の限界を超えた微生物のネットワークと日常的に触れ合うことを通して、わたしたちの凝り固まった認識論そのものが発酵していくだろう。

1 松岡正剛、ドミニク・チェン、2017、謎床——思考を発酵させる編集術、晶文社
2 ドミニク・チェン、2019、メタ床——コミュニケーションと思考の発酵モデル、ゲンロン10、株式会社ゲンロン
3 ドミニク・チェン、2020、「創造」するな、「発酵」せよ：FERMENTATIVE CREATIVITYノススメ、University of Creativity ポストコロナプロトタイプ｜Creativityになにができるか、URL: https://uoc.world/postcoronaprototype/#/l8qz1qawc/

著者紹介

Sandor Ellix Katz　サンダー・エリックス・キャッツ

Sandor Ellix Katzは、発酵リバイバリスト（復興主義者）。テネシー州の農村部に居住し、独習しながら実験を行う彼は、発酵に関する2冊のベストセラー『天然発酵の世界』（築地書館）と『発酵の技法』（オライリー・ジャパン）の著者である。後者は2013年にジェイムズ・ビアード財団賞を受賞している。彼は何百回も世界中で行われた発酵ワークショップで講師を務め、発酵の技法の幅広い復興を後押ししている。ニューヨーク・タイムズ紙は、Sandorを「アメリカのフードシーンに誕生した稀有なロックスターのひとり」と評している。

Sandorは広範囲にわたる興味を持ち、発酵と食について考える文脈を押し広げようとし続けている。彼の最初の著書『天然発酵の世界』を携えて2003年から2004年にわたり全米各地を旅した後、彼は『The Revolution Will Not Be Microwaved』の着想を得た。これは彼が発酵に関して人々と語り合う中で遭遇した、草の根食品活動家のドキュメントである。本書で彼は、人々に発酵に関して幅広く考えることを促そうとしている。さらなる情報については、Sandorのウェブサイト、www.wildfermentation.comをチェックしてほしい。

監訳者紹介

ドミニク・チェン

１９８１年生まれ。博士（学際情報学）。情報学研究者。NTT InterCommunication Center［ICC］研究員、株式会社ディヴィデュアル共同創業者を経て、現在は早稲田大学文化構想学部准教授。ぬか床ロボット「Nukabot」などの開発を通して、テクノロジーと人間、そして自然存在の関係性を研究している。XXII La Triennale Milano『Broken Nature』展、あいちトリエンナーレ２０１９『情の時代』展などに作品を出展。21_21 DESIGN SIGHT『トランスレーションズ展―「わかりあえなさ」をわかりあおう』展示ディレクターを務めた。主な著書に『コモンズとしての日本近代文学』（イースト・プレス）、『未来をつくる言葉―わかりあえなさをつなぐために』（新潮社）、『謎床―思考が発酵する編集術』（晶文社）がある。監訳書に『ウェルビーイングの設計論―人がよりよく生きるための情報技術』（BNN新社）、『シンギュラリティ―人工知能から超知能まで』（NTT出版）など。

訳者紹介

水原《みずはら》 文《ぶん》

翻訳者。訳書に『発酵の技法』『Cooking for Geeks 第2版』『家庭の低温調理』『人工知能のアーキテクトたち』（いずれもオライリー・ジャパン）、『ノーマの発酵ガイド』（角川書店）、『スタジオ・オラファー・エリアソン キッチン』（美術出版社）、共訳書に『声に出して読む解析学』『〈名著精選〉心の謎から心の科学へ 人工知能 チューリング／ブルックス／ヒントン』（岩波書店）など。ツイッターのアカウントは@bmizuhara。

メタファーとしての発酵

2021年9月13日　初版第1刷発行

著　者　Sandor Ellix Katz（サンダー・エリックス・キャッツ）
監　訳　ドミニク・チェン
翻　訳　水原 文（みずはら ぶん）
発行人　ティム・オライリー
デザイン　中西要介、根津小春（STUDIO PT.）

印刷・製本　日経印刷株式会社

発行所　株式会社オライリー・ジャパン
〒160-0002 東京都新宿区四谷坂町12番22号
Tel（03）3356-5227
Fax（03）3356-5263
電子メール japan@oreilly.co.jp

発売元　株式会社オーム社
〒101-8460 東京都千代田区神田錦町3-1
Tel（03）3233-0641（代表）
Fax（03）3233-3440

Printed in Japan（ISBN978-4-87311-963-2）